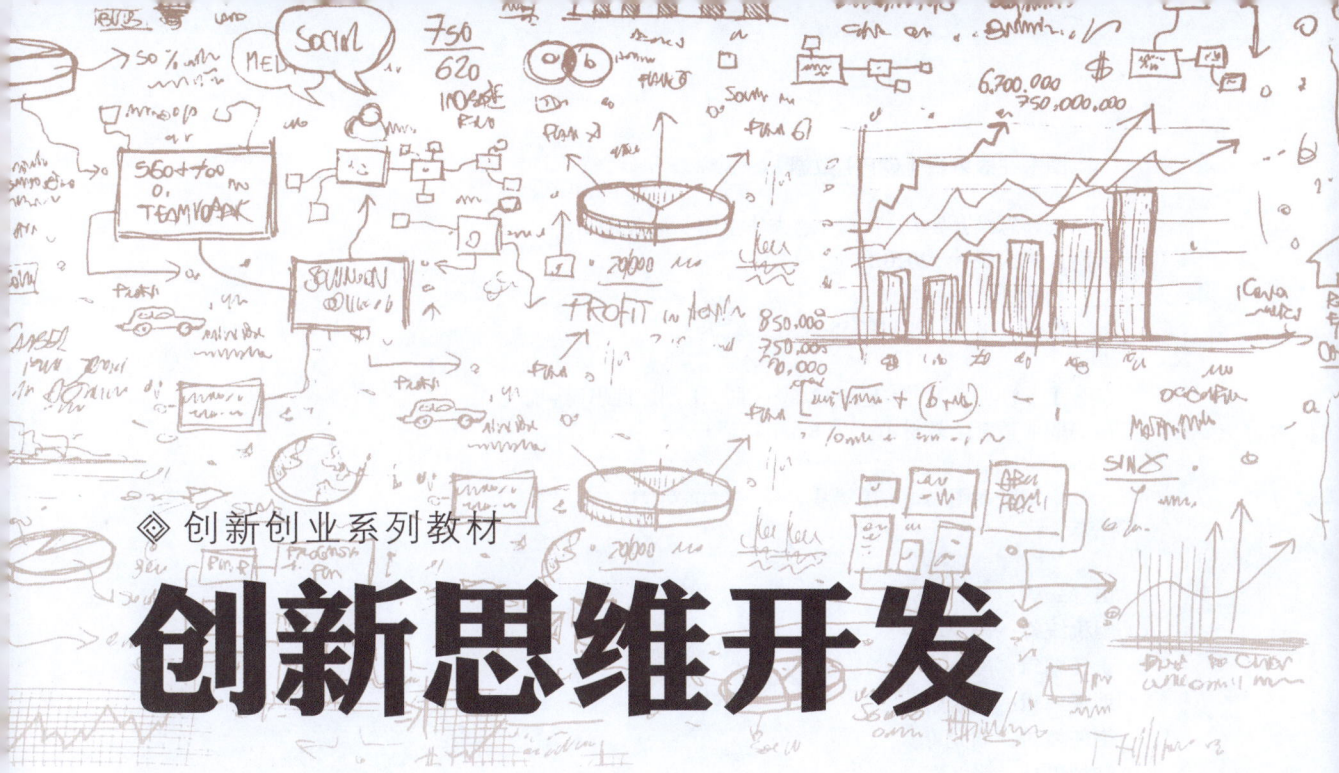

◎ 创新创业系列教材

创新思维开发

主　编

赵庆樱　赵秀华

副主编

王钱静　刘录松　和凤英　邓　瑾　攸志鸿

参　编

杨润枫　李光琼　王昱婷　杨晓辉
王丽梅　李洪英　朱少君

云南出版集团
云南人民出版社

图书在版编目（CIP）数据

创新思维开发 / 赵庆樱，赵秀华主编. -- 昆明：云南人民出版社，2020.11
创新创业系列教材
ISBN 978-7-222-19755-8

Ⅰ.①创… Ⅱ.①赵…②赵… Ⅲ.①创造性思维—高等职业教育—教材 Ⅳ.① B804.4

中国版本图书馆 CIP 数据核字 (2020) 第 216329 号

出 品 人：赵石定
组稿统筹：冯 琰
责任编辑：冯 琰
助理编辑：谢筑娟
责任校对：胡元青
装帧设计：张益珲
责任印制：马文杰

创新思维开发
CHUANGXIN SIWEI KAIFA

主　编　赵庆樱　赵秀华
副主编　王钱静　刘录松　和凤英　邓　瑾　攸志鸿
参　编　杨润枫　李光琼　王昱婷　杨晓辉　王丽梅
　　　　李洪英　朱少君

出版	云南出版集团　云南人民出版社
发行	云南人民出版社
社址	昆明市环城西路 609 号
邮编	650034
网址	www.ynpph.com.cn
E-mail	ynrms@sina.com
开本	787mm×1092mm　1/16
印张	10.5
字数	90 千
版次	2020 年 11 月第 1 版第 1 次印刷
印刷	昆明瑆煌印务有限公司
书号	ISBN 978-7-222-19755-8
定价	35.00 元

云南人民出版社微信公众号

如需购买图书、反馈意见，请与我社联系
总编室：0871-64109126　发行部：0871-64108507　审校部：0871-64164626　印制部：0871-64191534

版权所有　侵权必究　印装差错　负责调换

前　言

《国家职业教育改革实施方案》提出了"三教"（教师、教材、教法）改革的任务。"三教"改革中，教师是教学改革的主体，是"三教"改革的关键；教材是课程建设与教学内容改革的载体；教法是改革的路径。教师和教材的改革最终要通过教学模式、教学方法与手段的变革去实现，它们形成了一个闭环的整体，解决教学系统中"谁来教、教什么、如何教"的问题。其落脚点是培养适应行业、企业需求的复合型、创新型高素质技术技能人才，目的是提升学生的综合职业能力。

《创新思维开发》教材采用以学习者为中心、学习成果为导向、促进自主学习的编写理念，强化职业教育的类型特征，集教学内容、教学方法、教学设计、工作手册为一体，探索创新思维的过程，揭示创新思维本质，培养学生的创新意识和创新能力；通过梳理国内外目前比较常用的创新思维方法，指导学生学习和使用这些方法以创造性地解决问题，进而提升其学习、生活和工作质量。

教材运用项目教学方法设计，全书分为4个项目、15个任务（含2个团队实践活动）；设计有自学空间、共学天地、实战演练、故事时间、学习总结、教学评价6个模块，配有图表，充分激发学生的学习兴趣和积极性，真正实现学中做、做中学。

编　者

2020年6月

目　录

项目一　挖掘你的创新意识 ……………………………………………………… 1

　　任务一　人人都能创新，事事皆可创新 …………………………………………… 1

　　任务二　了解创新思维的影响因素，培养创新意识 …………………………… 13

项目二　开发你的创新思维 ……………………………………………………… 26

　　任务三　冲破思维障碍 …………………………………………………………… 26

　　任务四　训练发散思维 …………………………………………………………… 36

　　任务五　训练形象思维 …………………………………………………………… 44

　　任务六　训练逆向思维 …………………………………………………………… 58

　　任务七　训练逻辑思维 …………………………………………………………… 67

项目三 掌握几种常见的创新方法 ·· 75

    任务八   掌握类比推理法 ··· 75

    任务九   掌握列举法 ··· 82

    任务十   掌握检核表法 ··· 97

    任务十一   头脑风暴法 ··· 119

    任务十二   六项思考帽 ··· 128

    任务十三   TRIZ 法 ··· 138

项目四 学会创新性解决问题 ·· 150

    团队实践活动一：创意设计 ··· 150

    团队实践活动二：营销策划案 ··· 155

主要参考文献 ·· 159

项目一 挖掘你的创新意识

任务一 人人都能创新，事事皆可创新

【学习目标】
- 了解创新思维的含义与特征
- 掌握创新思维的过程

模块一 自学空间

关键词：创新意识 创新思维 创新能力

 模块二　共学天地

寓言故事：

有个人遇到了神仙，神仙问他需要什么东西，他说需要金子。于是神仙用手指点了几块石头，石头立即变成了金子。神仙叫他去拿，他没有拿，神仙就问：

"你需要什么呢？"他说："我要你的手指。"

——我们要的不是金子，而是会变金子的手指头。

——这个手指头就是创新思维！

问题一：结合日常实际，谈谈你对创新思维的理解，可举例说明。

知识点一　创新思维的概念

案例导入：记者发明坦克

问题二：记者为什么能发明坦克？你得到什么启发？

....
....
....
....
....
....

知识点二　创新思维的特征

创新思维具有区别于一般思维的独特特征，主要表现在以下几方面。

一、对传统的突破性

....
....
....
....
....
....

二、思路上的新颖性

三、视角上的灵活性

四、内容上的综合性

五、强烈的目标指向性

六、对象的潜在性

案例导入:"日心说"的提出

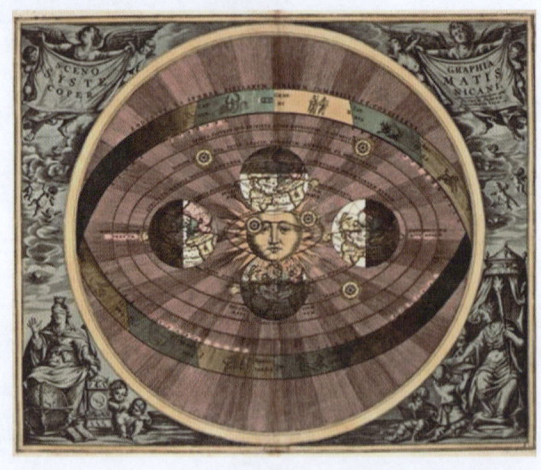

问题三:举例说明,历史上还有哪些伟大的创造性付出了巨大的代价?

_____

_____

_____

_____

_____

七、创造活动的风险性

_____

_____

_____

_____

_____

知识点三　创新思维的过程

案例导入：古代和现代的冰箱

中国古人也有"冰箱"，叫"鑑"，那是如何发展到今天的冰箱的呢？

一、准备阶段

二、酝酿阶段

三、豁朗阶段

四、验证阶段

模块三 实战演练

一、分享时刻

请回想自己在生活中遇到的一件印象深刻的事情,列出以下问题:

你当时面临的问题是:

你当时解决问题的办法是：

_____
_____
_____
_____
_____
_____

当时事情的结局是：

_____
_____
_____
_____
_____
_____

同学们关于问题解决办法的创造性建议有哪些：

_____
_____
_____
_____
_____
_____

二、头脑风暴

1. 看到上图的三角形,你想到什么?

....

....

....

....

....

2. 下列每组有 5 个随机词汇,分别从每一组词汇中选出两个相似程度最高的词(两个词至少需要有三个方面的共同点),然后说明这些共同点。

(1)货车、围巾、赌博、吉他、窃贼;

(2)伙伴、笑话、打鼾、狗窝、水手;

(3)力量、洞穴、盘子、黄油、鞋带;

(4)草地、身影、环境、绷带、战争。

....

....

....

....

....

模块四　故事时间

三个庙，三个和尚，三种办法

从前有三个庙，这三个庙离河边都比较远。猜猜他们是怎么解决吃水问题呢？

模块五　学习总结

学习体会

模块六　教学评价

评价内容	优秀	良好	中等	及格	不及格
1. 学前准备					
2. 课堂表现					
（1）讨论					
（2）合作					
（3）互评					
3. 作业					
综合					

任务二　了解创新思维的影响因素，培养创新意识

【学习目标】

- 了解创新思维的影响因素，有意识地培养创新意识
- 树立正确的价值观，塑造独立的人格

模块一　自学空间

关键词： 知识　智慧　人格　环境

自学笔记

 模块二 共学天地

案例导入：天才乔布斯

"乔布斯是改变世界的天才，他凭敏锐的触觉和过人的智慧，勇于变革，不断创新，引领全球资讯科技和电子产品的潮流，把电脑和电子产品不断变得简约化、平民化。"

——TIME

问题一：乔布斯有哪些特质？

_____

_____

_____

_____

知识点一 知识

知识在创新中起到的作用，正如牛顿所说："如果说我比别人看得更远些，那是因为我站在巨人的肩膀上。"

问题二：

一个对计算机一窍不通的人可以造出世界上最薄的笔记本电脑？

一个对光电知识一无所知的人可以发明出新型的电灯吗？

一个没有美学和艺术修养的人能设计出完美的产品吗？

创新的基础是什么？

_____

问题三：你认为"知识"的含义是什么？

问题四：知识对创新的作用是什么？

问题五：你还可以举些例子说明知识积累能成就创新吗？

....
....
....
....
....
....

问题六：那么，知识越多，越能创新吗？为什么？

....
....
....
....
....
....

我们来看看人类创造文明史：

问题七：那如何运用知识才能创新呢？

_____

_____

_____

_____

_____

知识点二　智慧

案例导入：3M"不干胶易事贴"是如何发明的？

问题八：智慧是什么？智慧等于知识吗？有何异同？

_____

_____

_____

_____

_____

问题九：智慧在创新中有什么作用？

知识点三　人格

心理学家斯滕伯格在一项关于创造力的研究中，调查普通民众时问道："你认为有创意的人最主要的特质是什么？"你认为呢？

关于创新者人格特征的专门研究也表明，人格的独立性是创新者最突出的特征。请举例说明。

那么，独立性人格在创新中的角色是什么？

知识点四　环境

案例导入：15 岁高中生发明胰腺癌检测试纸

问题十：谈谈你心目中理想的家庭教育环境？

问题十一：家庭环境对孩子创新力的培养有何影响？

....
....
....
....
....

案例导入：

三年级的小朋友在学习太阳系中的行星。老师想出一个好办法，让小朋友们打扮成太空人的样子去模拟探访火星，这是一个极好的教学设计，还有什么比假扮成太空人更能了解行星的系统呢？有一个小朋友更进一步建议说她要打扮成火星人的样子去迎接太空人，但是老师马上否决了她的提议："我们都知道火星上没有人。"

问题十二：你觉得这位老师的做法利于培养孩子的创新思维吗？

....
....
....
....
....

问题十三：学校环境对学生创新力的培养有何影响？

....
....
....
....

案例导入：西南联大

问题十四：群体环境对人的创新力有什么影响？

问题十五：国家政策对人的创新力有什么影响？

问题十六：文化社会对人的创新力有什么影响？

模块三 实战演练

一、创新体验

观看视频：逻辑思维之《爱因斯坦的逆袭》（http：//tieba. baiducom/p/3821146525）

思考题：

1. 爱因斯坦最具创新性的成果是在什么条件下取得的？

2. 如何理解爱因斯坦的优势和劣势？

3. 爱因斯坦为什么迟迟获不了诺贝尔奖?

_____

_____

_____

_____

_____

4. 爱因斯坦的成功对我们有哪些启示?

_____

_____

_____

_____

_____

二、分享时刻

1. 你最敬佩的创新人物是谁?简述他(她)的事迹。

_____

_____

_____

_____

_____

2. 他（她）能够创新的主要因素是什么？

3. 以他（她）为榜样，查找自身的差距在哪里，以明确努力方向。

 模块四　故事时间

改变世界的"苹果"

模块五　学习总结

学习体会

模块六　教学评价

评价内容	优秀	良好	中等	及格	不及格
1. 学前准备					
2. 课堂表现					
（1）讨论					
（2）合作					
（3）互评					
3. 作业					
综合					

项目二　开发你的创新思维

任务三　冲破思维障碍

【学习目标】
- 了解思维障碍的类型
- 掌握冲破思维障碍的方法

模块一　自学空间

关键词：思维障碍　心理图式　习惯性思维障碍　线性思维障碍　从众型思维障碍　书本型思维障碍　刻板印象　权威型思维障碍

模块二　共学天地

案例导入：

卢钦斯在研究思维障碍对解决问题的影响做了一个有名的量水实验，要求用给定的容器 A、B、C 量出定量的水 D。

表1　卢钦斯量水实验

问题	给容器容量（夸脱）			求 D（夸脱）	解法
	A	B	C		
1	21	127	3	100	
2	14	163	25	99	
3	18	43	10	5	
4	9	42	6	21	
5	20	59	4	31	
6	23	49	3	20	
7	15	39	3	18	
8	28	76	3	25	
9	18	48	4	22	
10	14	36	8	6	

问题一：上表从第一题做到第十题，得出解法。

问题二：通过上题的解法，你有什么发现？

知识点一　思维障碍

问题三：结合自身实际，谈谈有哪些思维障碍？

案例导入：

有笼必有鸟

知识点二　心理图式

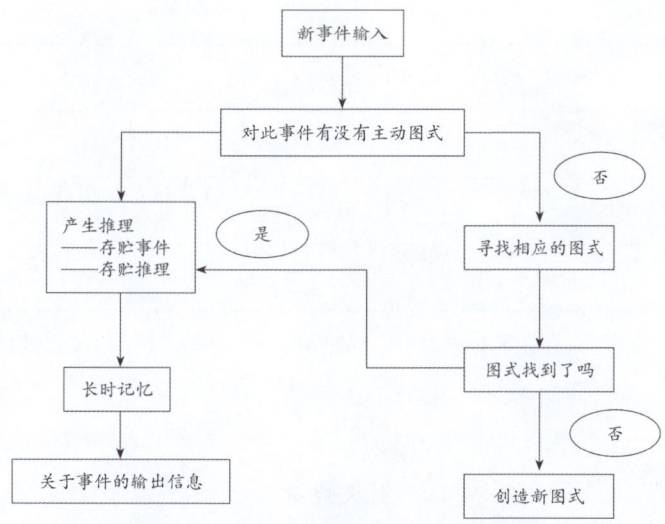

案例导入：

狗鱼思维

知识点三　习惯性思维障碍

问题四：如何辩证地看待习惯性思维？

案例导入：

引火烧身

知识点四　线性思维障碍

案例导入：

猴子实验

知识点五　从众型思维障碍

_____
_____
_____
_____
_____
_____

知识点六　书本型思维障碍

_____
_____
_____
_____
_____
_____

案例导入：

"泼辣"的重庆女孩

知识点七　刻板印象

知识点八　权威型思维障碍

案例导入：

被经验淹死的驴子

知识点九　经验型思维障碍

_____
_____
_____
_____
_____
_____
_____

模块三　实战演练

一、情境模拟

铁轨上的决策

有一群小朋友在两条铁轨上玩耍，其中一条铁轨仍在使用，另一条铁轨已经停用。只一个小朋友选择在停用的铁轨上玩，而其他的小朋友全都在仍在使用的铁轨上玩。很不幸的是，火车来了。假如你正站在铁轨的切换器旁，你能让火车转向已停用的铁轨上行驶，这样可以解救大多数小朋友，但是那名在停用的铁轨上玩耍的小朋友将被牺牲。

· 33 ·

在这种进退两难的情况下,你会怎么办?

_____
_____
_____
_____
_____
_____

 模块四　故事时间

亚摩尔的成功之路

模块五　学习总结

学习体会

模块六　教学评价

评价内容	优秀	良好	中等	及格	不及格
1. 学前准备					
2. 课堂表现					
（1）讨论					
（2）合作					
（3）互评					
3. 作业					
综合					

任务四　训练发散思维

【学习目标】

- 了解发散思维的定义及特征
- 了解发散思维过程，运用发散思维进行思考

模块一　自学空间

关键词：思维定式　发散思维　非线性思维

自学笔记

 模块二　共学天地

案例导入：一支铅笔有多少种用途

1983 年，在美国学习的法学博士普洛罗夫在做毕业论文时发现：50 年来，美国纽约里士满区一所穷人学校圣·贝纳特学院出来的学生犯罪率最低。普洛罗夫在将近 6 年的时间里进行调查，问一个问题："圣·贝纳特学院教会了你什么？"共收到了 3756 份回函。在这些回函中有 74% 的人回答，他们在学校里知道了一支铅笔有多少种用途，入学的第一篇作文就是这个题目。

贝纳特学校让这些穷人的孩子明白，有着眼睛、鼻子、耳朵、大脑和手脚的人便是有无数种用途，并且任何一种用途都足以使我们成功。

知识点一　发散思维

一、发散思维的定义

二、发散思维的特点

发散思维具有流畅性、变通性、独特性和非逻辑性等特点。

1. 流畅性：_____
_____

2. 变通性：_____
_____

3. 独特性：_____
_____

4. 非逻辑性：_____
_____

问题一：你能写出多少个包含"日"的汉字，三分钟内写出多少，五分钟内又写出多少？

_____
_____
_____
_____
_____
_____

知识点二 发散思维的分类

以事物的多种属性、事物的原因以及事物之间的关系等作为发散性思维的出发点，可以把发散思维分为功能发散、组合发散、方法发散、因果发散等。

一、功能发散

从事物的多种属性出发，构想事物的功能；或者，从事物的某一个功能出发，构想获得该功能的各种可能性。

问题二：同样的，回形针有多少用途？

....

....

....

....

....

....

二、组合发散

以某事物为发散点，利用事物的多种属性，把它与别的事物进行组合，尽可能多地产生新事物。

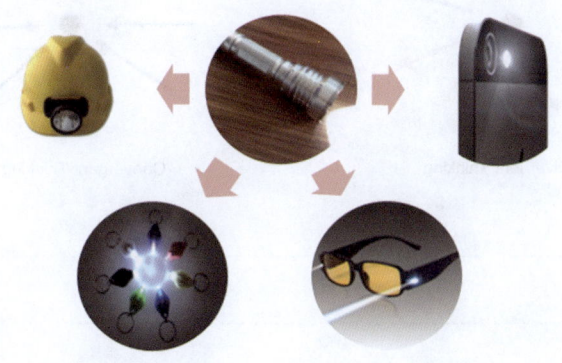

三、方法发散

以事物实现某一功能的方法出发，设想利用该方法的各种可能性。

案例：多转一个孔的味精瓶

四、因果发散

以事物产生的原因为发散点，推测可能的多种结果；或者，以事物发展的结果为发散点，推测可能造成该结果的多项原因。

例如：泡沫塑料具有用料省，密度小，隔音、隔热效果好的优点，产生这些优点的原因是在生产塑料（合成树脂）时，通过添加发泡剂使合成树脂（塑料）中产生无数微小气泡。该原理运用到建筑工业，产生了成本低，便于运输，隔音、防火性能优异的气泡混凝土（或气泡砖）。

知识点三 发散思维与收敛思维

模块三　实战演练

一、发散思维训练

1. 以构成某个物品的材料为发散点，列举该物品的功能：

（1）尽可能多地列举玻璃瓶的用途；

（2）尽可能多地列举书的用途；

（3）尽可能多地列举银行卡的用途。

2. 以某事物的功能为发散点，列举实现该功能的可能性：

（1）如何才能达到照明的目的？

（2）如何才能达到取暖的目的？

3. 以某一事物为发散点，尽可能多地设想与另一事物组合，形成有新价值的新事物：

（1）尽可能多地列举圆珠笔能与哪些事物组合；

（2）尽可能多地列举小刀能与哪些事物组合。

模块四　故事时间

故事一：蛋卷冰激凌的产生

感悟：_____

_____

_____

_____

故事二：旱冰鞋的产生

感悟：_____
_____
_____
_____
_____
_____
_____

模块五　学习总结

学习体会

模块六　教学评价

评价内容	优秀	良好	中等	及格	不及格
1. 学前准备					
2. 课堂表现					
（1）讨论					
（2）合作					
（3）互评					
3. 作业					
综合					

任务五　训练形象思维

【学习目标】

- 了解形象思维的含义与类型
- 掌握形象思维的特征和方法

 模块一　自学空间

关键词：形象思维　想象力　联想　直觉　灵感

自学笔记

模块二　共学天地

案例：爱因斯坦与相对论

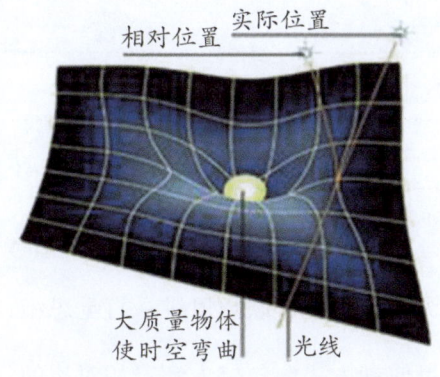

问题一：这个案例对你有哪些启示？

知识点一　形象思维及其特点

形象思维是指以具体的形象或图像为思维内容的思维形态，它是人的一种本能思维，每个人从一出生就会无师自通地以形象思维方式考虑问题。那么形象思维是不是低层次的思维方式？形象思维是否可以随着思维的成熟和后天的教育得到提升，也就是说是否可以通过训练提高人们的形象思维？

形象思维不仅是存在于文学艺术创作领域,而且在科学研究、发明创造、技术应用乃至日常生活中都被广泛运用。大家谈谈形象思维在身边的应用:

_____

_____

_____

_____

形象思维又具体地体现为想象思维、联想思维、直觉思维、灵感思维等思维形式。

问题二:爱因斯坦是通过何种方式向年轻人解释相对论的?

_____

_____

_____

_____

知识点二 想象思维

随着思维的成熟和后天的教育,人们的思维方式才逐渐由形象思维(具体)向抽象思维过渡。

问题：你认为想象力对一个人来说是否重要，体现在哪些方面？

....

....

....

....

....

....

从心理学角度概括地说，所谓想象是人脑对记忆中的表象进行加工和改造以后，组合成新形象的过程；是人脑通过形象化的概括作用对脑内已有的记忆表象进行加工、改造或重组，从而形成新形象的思维活动。它是形象思维的具体化，是人脑借助表象进行加工操作的最主要形式。

想象具有形象组合性、时空跨越性和高度自由性的特点，是自觉进行的一种积极主动的心理现象。如：有的发明者把自己置身于发明对象的情景之中，比如把自己设想为所要设计的工具和产品的一部分，尽情地想象在各种假定的条件下，自己将如何感受和如何反应。

想象力是创新思维的重要品质，它能使我们超越已有的知识和经验，使思维插上翅膀，达到新的境界。

一、想象实验

案例：投篮心理意象实验

问题一：这个案例对你有哪些启示？

问题二：你认为想象练习更有效的原因是什么？

二、想象思维

想象思维可分为无意想象和有意想象,有意想象包括再造性想象、创造性想象和幻想。

(一)无意想象

如做梦、走神。

(二)再造性想象

江南好,风景旧曾谙。日出江花红胜火,春来江水绿如蓝。能不忆江南?

请根据白居易《忆江南》的描述,将你脑海中浮现的景象绘画出来。

（三）创造性想象

创造性想象是指完全不依据现成的描述和引导而独立地创造出新形象的思维过程。

如：胰岛素的发现。

（四）幻想型想象

你在幼年时期，是否也曾对自己的未来有过美好的憧憬？是否有过天马行空、脱离实际的幻想？这些憧憬和幻想，是否对你现在的人生产生了或多或少的影响？

知识点三　联想思维

根据下面这些图形，你能联想到什么？

你还能想到生活中的哪些联想思维？

....

....

....

....

....

联想思维可分为相关联想、相似联想、类比联想、对称联想和因果联想。

一、相关联想

比如"木质"和"皮球"是两个离得很远的概念。其环节是：木质——树林，树林——田野，田野——足球场，足球场——皮球。"天空"和"茶"，天空——土地，土地——水，水——喝，喝——茶。多做这样的练习，就可以提高相关联想能力。

....

....

....

....

....

二、相似联想

从油炸元宵可以联想到与之形状相似的乒乓球，从飞鸟可以联想到与之功能相似的飞机，从香味可以联想到与之气味属性相似的花香。相似联想能促使人们产生创造性的设想和成果。

飞机的发明

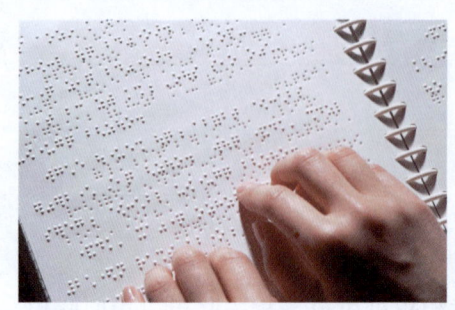

盲文的发明

三、类比联想

古埃及人用不断地转动链条运送水桶的方法灌溉田地。1783年，英国人埃文斯把这个方法运用到磨坊里去传送谷粒。他根据类比而完成了从运送液体（水）到传送固体（谷粒）的经验转移。

四、对称联想

案例：吸尘器的诞生

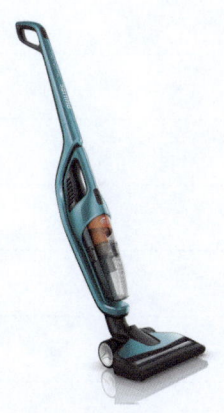

五、因果联想

人们由冰想到冷，由风想到凉，由火想到热，由科技进步想到经济发展，就是运用的因果联想。

知识点四 直觉思维

直觉思维有直接性、快速性、跳跃性、理智性、局限性和结论的不确定性。

一、直觉思维的培养

直觉思维是一种需要极高修炼的功夫。好好分析一下许多的商界精英，在他们身上，首要的是"悟性"，其次才是专业能力和其他。

（一）多思以战胜自我。

（二）善思以完善自我。

（三）神思以超越自我。

创新在自主、自由中奔放，"第六感觉"就会不断光临。

知识点五　灵感思维

何谓灵感呢？杨振宁教授指出："灵感是种顿悟。"所以，灵感思维也叫顿悟思维，给人一种"踏破铁鞋无觅处，得来全不费功夫"的感觉。

阿基米德的王冠之谜

问题一：阿基米德的灵感是否是所有人都有可能获得的？

问题二：你认为一个人的灵感是否与他的经验和学识有关？

_____

_____

_____

_____

灵感的类型

久思而至、梦中惊成、自由遐想、急中生智、另辟新径、

原型启示、触类旁通、豁然开朗、见微知著、巧遇新迹

案例：耙子与刮胡刀架

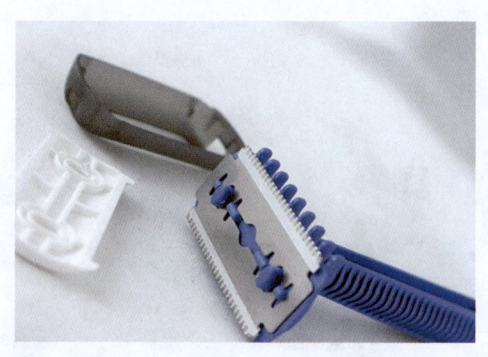

模块三 实战演练

1. 强制联想（三到五步）。

飞鸟——（   ）——（   ）——（   ）——（   ）——车站

2. 请以下列五个词汇当中一个为中心，其他词汇为元素创作一段故事：吻、狗窝、豆子、复仇、战争。

_____

_____

_____

_____

3. 给大家两个词汇：水手、校长。请创作一首诗歌，诗歌第一行最后一个词是水手，诗歌最后一行第一个词是校长。

 模块四　拓展阅读

六度分隔/六度空间理论

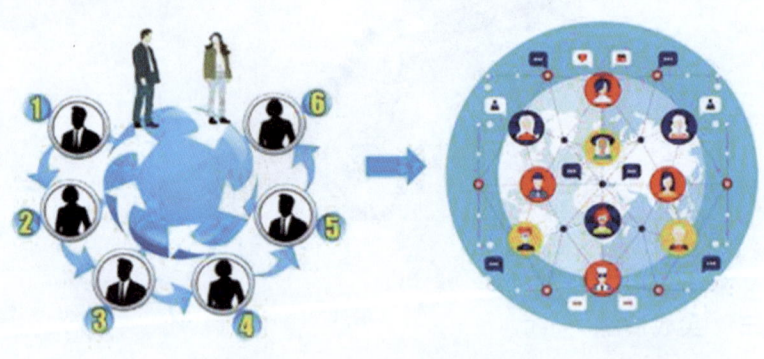

六度空间理论　　　　　　　六度人脉社交系统

问题：这个案例说明了什么，生活中是否处处相互关联？

模块五　学习总结

学习体会

模块六　教学评价

评价内容	优秀	良好	中等	及格	不及格
1. 学前准备					
2. 课堂表现					
（1）讨论					
（2）合作					
（3）互评					
3. 作业					
综合					

任务六 训练逆向思维

【学习目标】
- 了解逆向思维的概念、基本原理
- 掌握几种逆向思维的方法,并在实践中应用逆向思维

模块一 自学空间

关键词:创新思维　顺势思维　逆向思维

自学笔记

模块二　共学天地

案例导入：

电动吹风机

电动吸尘器

问题一： 这个案例对你思维方式有哪些启迪？

_____
_____
_____
_____
_____
_____
_____

知识点一　逆向思维

逆向思维也称反向思维，也叫求异思维，是指不采用人们通常思考问题的思路，而是转换思维角度，从相反的方向去思考问题的思维方法。长期的思维习惯往往使人们只看到事物其中的一面，使思维的过程和结果越来越雷同，没有创意。利用事物的另一面，逆向思维可以获得意想不到的效果。对于某些问题，尤其是一些特殊问题，从结论往回推，倒过来思考，从求解回溯到已知条件，反过去想或许会使问题简单化。

在中国古代战争决策中，逆向思维方式得到了非常高超的运用。例如：背水结阵乃兵家大忌，但在秦末农民战争中，项羽正是背水一战，破釜沉舟，以弱胜强，大败秦军。《孙子兵法》说："陷之死地而后生，置之亡地而后存。"中国文化十分丰富的辩证法思想，为逆向思维的形成提供了肥沃的土壤。"以攻为守""欲擒故纵""以毒攻毒""以柔克刚"等都是逆向思维运用于决策取得双赢的表述。

在现代，逆向思维更为重要，由于情况的复杂性大幅度增加，以及信息的爆炸式增长，在决策过程中运用逆向思维，把逆向思维真正作为决策过程中的一个重要环节，其意义将十分重大。

由于逆向思维打破了习惯上的正常的观念、方法与理论，冲破了一般人头脑中固有的有序方法的束缚，常常使人感到出乎意料，给人一种耳目一新之感，因而往往起到出奇制胜的作用。

天下大旱，别人挖井取水，有人却偏偏打造船只；酷暑难耐，别人取冰降暑，有人偏偏派人准备棉衣；春天到了，有人却高喊"每一天都是冬天"。

知识点二　逆向思维的方法

生活中处处潜藏着看似不可能的机变，关键是要习惯一种逆向思考的方法，有时需要我们超越的只是小小的一步。逆向思维作为一种方法论，具有明显的工具意义，从中国古代哲学家老子的"有无相生、难易相成、长短相形、高下相倾、音声相和、前后相随"之哲学思辨中能生发出很多具有可操作性的细则。其中包括：

一、方位逆向法

方位逆向就是双方完全交换，使对方处于己方原先位置的换位。它不仅仅是指物理空间，也是指一种对立抽象的本质。

二、属性逆向法

属性逆向法是把握事物的属性多向位，一件事情可以从不同的角度去理解，即使同一件事情从不同的角度观察，其性质也可以是多方面的，并且是相互转化的。

三、因果逆向法

因果逆向法，是在一定条件下，倒因为果，倒果为因，化不利为有利，化被动为主动的一种思维方法。使用这种方法的目的，并不是为了克服事物的缺点，恰恰相反，它是为了化弊为利，逆转思维来寻找解决问题的方法。

四、心理逆向法

心理逆向法是指在思考问题的过程中，摒弃自身局限，先探究对方的思想，然后逆着对方的思路而行动。这里的"逆向"，不是指换位，是反其道而行。

贝克法则：你所能提供的东西我一个也不要。

博肯法则：剧场里越不靠近通道的座位上的观众来得越晚。

贾斯特法则：车越破开得越疯。

梅尔法则：要不是最后一分钟，那就什么事也做不成。

韦伯法则：如果你顺当地找到停车的地方，那你就会找不着你的车。

_____
_____
_____
_____
_____

五、对立互补法（雅努斯式思维法）

"雅努斯"是一尊罗马神话中的两面神，传说中，他的脑袋前后各有一副面孔，一副凝视着过去，一副注视着未来。你常常能在古罗马钱币上看见他，一手握着开门钥匙，一手执警卫长杖，站在过去和未来之间。

雅努斯式思维法，就是以把握思维对象中对立的两个面为目标，自觉遵循逆向路径研究问题，善于把正向思考和逆向思考有机地结合起来；要求人们在处理问题时既要顺着正常的思路研究问题，也要倒过来从反方向逆流而上，看到正反两方的互补性，要时刻谨记：对立是为了共存。

_____
_____
_____
_____

六、缺点逆用法

缺点逆用法的主旨就在于"缺点即优点"。缺点逆用，首先就意味着从普通中体味不普通。它强调的是反过来考虑如何直接利用这些缺点，做到"变害为利"。也就是说，针对对象事物中已经发现的缺点，除了采用"改进"策略以外，更希望做到的是成本更为低廉的"直接利用"。

问题二：以上这个案例中，应用了哪些逆向思维方法？

模块三：实战演练

一、课堂小游戏

1. 说出字的颜色

在PPT写出"黄绿红蓝黑……"并以不同的颜色显示不同的文字，两同学一组，一个同学读出汉字，一个同学说出相应汉字的颜色，越快越好。

2. 请列举倒读词，越多越好。

例：牙刷—刷牙　　门锁—锁门　　风扇—扇风　　火柴—柴火

从逆向思维角度思考已知事物的相反事物，将结果填在表内。

已知事物	相反事物
示例：发电机	电动机
话筒	
打气筒	
加热使水分蒸发	
风车	
火灾时周围温度升高	

3. 每个同学自选一则成语，从一般人认为是正确的观点中发现谬误，从传统认为是错误的观点、现象中发现真理的成分，针对其观念已显得陈旧或传统理解原本就欠准确之处，进行逆向思考，鲜明地表现出对传统的辨析思考和批判继承，形成自己全新的结论，形成一篇思考报告。例如：狐假虎威、滥竽充数、黔驴技穷……

模块四　故事时间

故事一

庄子曾讲过这样一个故事:有人种葫芦,种出一个大葫芦,结果犯了难,不知该怎么利用这葫芦。葫芦一般是用来盛酒水的,由于葫芦太大,装满水一定会破裂;如果锯开,用它的一半当瓢舀水的话,又没有那么大的水缸。庄子觉得这个人太笨,为什么一定要用它来装水呢?如果把它放在河中,当作小船用,不是更好吗?大葫芦盛不了水,反过来用水盛它,化废为用。

故事二

《中国经济时报》曾经刊登过这样一篇文章,题目是《送者贱、求者贵的思考》:多年前,我去一个偏僻山村采访,见地里种的全是当地的老品种油菜,秸秆细弱,株矮枝疏,便问同行的乡长为何不叫农民改种杂交油菜。乡长一脸无奈,农民不相信呗!于是我给他讲了下面这则故事:当年土豆传到法国时,法国农民并不愿种。有人便出了一个怪招,在各地种植土豆的试验田边派全副武装的士兵日夜把守。周围的农民一见此阵势,认为地里种的肯定是金贵之极的好东西,于是,他们时常乘机溜进试验田,把偷回的土豆种在自家的地里。渐渐地,土豆成为法国农民广为种植的一种农作物。

模块五 学习总结

学习体会

模块六 教学评价

评价内容	优秀	良好	中等	及格	不及格
1. 学前准备					
2. 课堂表现					
（1）讨论					
（2）合作					
（3）互评					
3. 作业					
综合					

任务七　训练逻辑思维

【学习目标】

● 了解逻辑思维的概念

● 掌握逻辑思维的思考方法

● 会使用逻辑思维方法进行思考

模块一　自学空间

关键词：思维　科学逻辑　逻辑思维

自学笔记

 模块二　共学天地

案例导入：

假设有一个池塘，里面有无穷多的水。现有 2 个空水壶，容积分别为 5 升和 6 升。

思考：如何只用这 2 个水壶从池塘里取得 3 升的水。

....
....
....
....

知识点一　逻辑思维的内涵

一、思维

思维是人类大脑能动地反映客观现实的过程，是人类开动脑筋认识世界的过程中进行比较、分析、综合的能力，是人类大脑的一种机能。

二、逻辑思维

逻辑思维，即抽象思维，或称垂直思维，是人们在认识过程中借助于概念、命题、判断和推理等形式，运用分析、综合、归纳和演绎等方法，对丰富多彩的感性事物进行去粗取精、去伪存真、由此及彼、由表及里的加工制作以反映现实的过程。

案例导入：

《公孙龙子》："'白马非马可乎？'曰：'可。'曰：'何哉'？曰：'马者，所以命形也；白者，所以命色也；命色者，非命形也。故曰白马非马。'"

想一想：公孙龙"白马非马"的诡辩有什么不合理的地方？

_____
_____
_____
_____
_____

如果你是官吏，会如何与公孙龙辩解？

_____
_____
_____
_____

知识点二　逻辑思维的方法

一、分析与综合法

1. 分析的方法是在思维中把认识的对象分解为不同的组成部分、方面、特性等，对它们分别加以研究的方法。

_____
_____
_____
_____

2. 综合法是指将与研究对象有关的各个部分、侧面、属性联系起来考虑，将原本分散的部分整合在一起，从整体的角度把握事物的本质特点及其发展规律，从而获得新的知识、新的结论的一种逻辑思维方法。

二、类比法

类比法是根据两类现象之间在某些方面的相似或相同，推断它们在其他方面也可能相似或相同的逻辑思维方法。

三、归纳与演绎法

1. 归纳法，是从个别或特殊事物概括出共同本质或一般原理的逻辑发现方法。

2. 演绎法，是指以一般原理为前提，推导出个别或特殊结论的逻辑思维过程。演绎推理的主要形式是三段论。

三段论即借助于一个共同词项，将前提中的两个性质命题联结起来，从而推出一个新的性质命题的推理。

四、递推法

递推法是一种增进式的求解方法，也就是说，我们由原本的思路一步步地刨根问底，利用问题本身所具有的一种递推关系来求解问题的一种方法。

模块三　实战演练

一、练一练

（一）下面是一个逻辑题，请用今天学习的逻辑分析法分析一下吧。

5个海盗抢到了100个金币，每一枚都一样的大小和价值连城。他们决定这么分：

1. 抽签决定自己的号码——1、2、3、4、5

2. 首先，由1号提出分配方案，然后大家5人进行表决，当且仅当超过半数的人同意时，按照他的提案进行分配，否则他将被扔入大海喂鲨鱼。

3. 如果1号死，就由2号提出分配方案，然后大家4人进行表决，当且仅当超过半数的人同意时，按照他的提案进行分配，否则他将被扔入大海喂鲨鱼。

4. 以此类推。

条件：每个海盗都是很聪明的人，都能很理智地判断得失，从而做出选择。

问题：第一个海盗提出怎样的分配方案才能够使自己免于下海以及自己获得最多的金币呢？

（二）想一想，下图问号的地方要选哪一个图形？

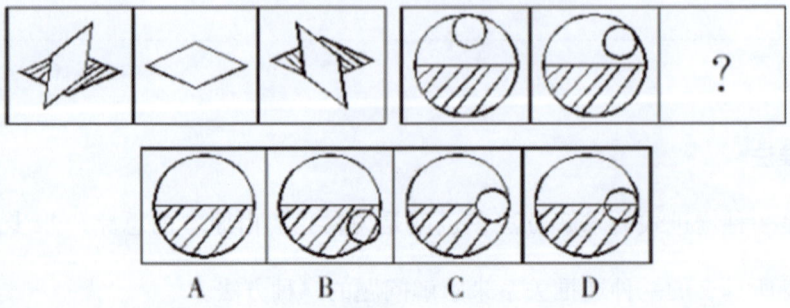

（三）一元钱一瓶汽水，喝完后两个空瓶可以换一瓶汽水。问你有20元钱，最多可以喝几瓶汽水？

二、回顾与思考

回顾一下自己日常生活中，是否会使用逻辑思维方式，如果有，它给你带来哪些益处？如果没有，你觉得是否对你的生活有影响？

三、情景训练

请尝试着将今天所学的内容在日常生活中来运用。想一想，尝试用今天所学逻辑思考方式对过去经历的某一件事进行重演，看看是否会有所不同。

模块四　故事时间

张举烧猪辨冤

在宋朝时，有一部著名的法医著作——郑克著的《折狱龟鉴》。全书分为八卷，记叙了释冤、辨诬、察奸、证慝、迹盗等项，记载了许多破案的科学方法。其中，有一个"烧猪验尸"的故事：

浙江省的句章县有一户人家发生了火灾，丈夫被烧死，妻子哭得死去活来。死者之弟疑有冤情，遂告到县衙。句章县的县令张举看了死者的尸体，特别是仔细检查了死者的口腔，见里面干干净净，便断定是妻子谋杀丈夫。那妇人不服，说是房子偶然失火以致丈夫被烧死。她号啕大哭，说自己家破人亡，县令还要乱加罪名。她的亲戚也为她抱不平。县令张举把众人请来，当场做了一个"烧猪验尸"的表演。令人把一头猪杀死，把另一头活猪用绳子捆好四脚。然后把两头猪扔进柴堆，点燃木柴。等大火熄灭后，张举请众人察看两头猪，只见那被杀死的猪口中干干净净，而那被烧死的猪张着嘴巴口中有许多炭灰。县令张举对那妇女说："凡是在大火中被烧死的人，势必在火中挣扎，口中要吸进许多炭灰。而你的丈夫口中那么干净，说明他是先被杀死，然后房屋才着火的。由此可以清楚断定，你的丈夫是被谋杀而死。"那妇人听了，脸色发白，双腿发抖，不得不招出了谋杀丈夫的罪行。请分析，三段论推理：

1. 凡被火活活烧死的人口腔内一定有大量烟灰；

2. 那个妇女的丈夫口腔内没有烟灰；

3. 所以，那个妇女的丈夫不是被火活活烧死的。

模块五　学习总结

学习体会

模块六　教学评价

评价内容	优秀	良好	中等	及格	不及格
1. 学前准备					
2. 课堂表现					
（1）讨论					
（2）合作					
（3）互评					
3. 作业					
综合					

项目三　掌握几种常见的创新方法

任务八　掌握类比推理法

【学习目标】

● 了解类比推理法的含义与类型

● 掌握类比推理法中常用的几种方法

模块一　自学空间

关键词：类比推理

 **模块二 共学天地**

案例导入：

宇宙中真的存在外星生命吗？请大家根据推理得出结论

对外星生命的猜想	
地球	火星
绕太阳公转、绕轴自转	绕太阳公转、绕轴自转
有大气层	有大气层
一年中有季节变更	一年中有季节变更
温度适合生命生存	大部分时间的温度适合地球上某些已知生物生存
有生命存在	？

问：这使用的是一种什么样的推理法？

知识点一 类比推理法

一、类比推理法的定义

二、类比推理的特点

_____
_____
_____
_____
_____
_____
_____

三、类比推理的类型

（一）直接类比法

（二）间接类比法

间接类比法就是用不同类产品进行类比，产生创新的设想。采用间接类比法，可以扩大类比范围，可由此得到启发，开拓新的创造活力。

（三）模仿法

模仿、借鉴已有事物的某些有效因素而开发出新事物的方法。通过模仿某一事物有用的特性，来发明一种新的事物，不是单纯地模仿、简单地重复和再现，而是包含一种新的发展。

（四）仿生类比法

（五）拟人类比法

拟人类比就是将人体比作创造对象或将创造对象视为人体，由人及物、以物拟人，从不同与相似之中领悟两者相通的道理，促进创新思维的深化和创造活动的发展。

（六）对称类比法

英国物理学家狄拉克把量子论和相对论结合起来，得到著名的狄拉克方程式；又从描述电子运动的狄拉克方程式的解当中发现，电子的能量有正负对称的两个解，并发现正的能量对应着电子。电荷有正电荷与负电荷的对称性，既然已发现了带负电荷的电子，那么，也会存在带正电荷的电子。1932年，美国物理学家安德逊在宇宙线中发现了正电子。

（七）象征类比法

（八）因果类比法

根据发泡剂泡沫的原理，造出具有良好隔热和隔音性能的气泡混凝土。

（九）综合类比法

根据一个对象要素间的多种关系与另一对象综合相似而进行的类比推理，叫作综合类比。两个对象要素的多种关系综合相似，就意味着它们的结构相似，由结构相似可推出它们的整体特征和功能相似。

模块三　实战演练

请根据类比推理法完成下列习题：

1. 崎岖对于（　　），相当于（　　）对于悲痛。（2019年宁夏公务员考试真题）

   A. 平坦；心情　　　　　　　　B. 山路；沉痛

   C. 坦途；欢喜　　　　　　　　D. 坎坷；悲哀

2. 老字号：新品牌：传承（2019年黑龙江公务员考试真题）

   A. 老传统：新花样：质疑　　　B. 老配方：新工艺：创新

   C. 老问题：新思考：评价　　　D. 老物件：新东西：区分

3. 众人拾柴：火焰高　（2018年国家公务员考试真题）

   A. 多行不义：必自毙　　　　　B. 打破砂锅：问到底

   C. 敬酒不吃：吃罚酒　　　　　D. 四海之内：皆兄弟

4. 黄连：苦涩（2016年浙江省公务员考试真题）

   A. 班级：团结　　　　　　　　B. 钻石：坚硬

   C. 花朵：鲜红　　　　　　　　D. 城市：繁华

模块四　故事时间

惠更斯采用类比推理方法提出光的波动说

17世纪后半期，科学领域关于光的本性发生了一场激烈的争论，争论的双方都是当时科学界的名流。一方是以牛顿为代表，倡导微粒说；另一方是以惠更斯为代表，主张波动说。

牛顿等科学家认为光是由发光体发生的一种具有弹性的、直线前进的微粒子流。不同颜色的光有不同颜色的微粒，它们在棱镜中的速度各不一样，紫色微粒的速度最低，红色微粒的速度最高。由于这一学说能够很容易地解释光的直线前进及反射、折射等现象，而且与当时已经建立的经典力学体系可以形成一个统一的整体，所以很容易被人们所接受。但牛顿的微粒说也存在一定的问题，它不能令人信服地解释光的干涉、衍射及偏振现象。

1678年，在法国科学院的一次会议上惠更斯公开向牛顿提出挑战，用声音与光类比的方法，提出了光的波动理论。惠更斯认为，声音是借助看不见、摸不着的空气粒子向声源周围的整个空间传播的，传播时是以相同的速度向各个方向行进的，所以必定形成了球面波。它们向外越传越远，最后到达我们的耳朵。光无疑也是从发光体通过某种传递媒介物质的运动向外辐射的。像声音一样，光也一定是以球面或波的形式来传播的。可以看出，惠更斯正是采用了类比推理的方法，推断出光也是像声音一样以"波的形式来传播"。后来的科学实验证明惠更斯的理论是正确的。

模块五　学习总结

学习体会

模块六　教学评价

评价内容	优秀	良好	中等	及格	不及格
1. 学前准备					
2. 课堂表现					
（1）讨论					
（2）合作					
（3）互评					
3. 作业					
综合					

任务九　掌握列举法

【学习目标】

● 了解列举法的类型

● 掌握各种类型列举法的基本原理、运用要点

模块一　自学空间

关键词：列举法　缺点　特性　希望

模块二　共学天地

案例导入：拉链的发明

拉链是1891年由美国芝加哥机械师贾德森最先发明的。贾德森为了解除每天系鞋带的麻烦，就发明一种可以代替鞋带的拉链。这种拉链是由一排钩子和一排扣眼构成，用一个铁制的滑片由下往上拉，就可使钩子与扣眼一个个依次扣紧。贾德森把样品送到1893年的哥伦比亚博览会上展出，得到好评，并因此取得了专利。如今，拉链的品种不断增多，其应用不只限于日用品，而且已进入科研、医疗、军事等领域，被誉为20世纪科技界的十大发明之一。

问题一：这个案例对你有哪些启示？

知识点一　缺点列举法

请思考：什么是缺点列举法。

一、缺点列举法基本原理（提示：有什么样的缺点）

二、缺点列举法运用要点

（一）确定目标，做好心理准备

（二）学会方法，详尽列举缺点

要把现有事物的缺点列足摆够，对经常接触的事物用"吹毛求疵"的方法找出其所有缺点，与此同时不能光凭热情，而要依靠科学的方法手段。以下三种方法能够为"吹毛求疵"提供帮助。

1. 用户意见法

问题：你知道皮表带经历了什么革新吗？

2. 开会列举法（会议特点是什么？人员？时间？）

_____
_____
_____
_____

3. 对比分析法

问题：此两种类型手机或者操作系统有什么区别？优点和缺点分别是什么？

_____
_____
_____
_____

（三）整理缺点，进行分析鉴别

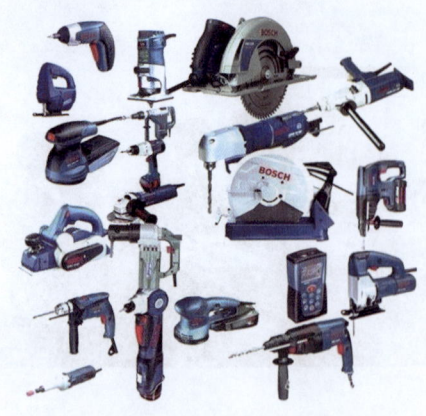

问题：电动工具有哪些缺点？这些缺点在程度上有什么不同？

知识点二　特性列举法

特性列举法基本原理：

一、特性列举法运用要点

在运用特性列举法时,一要善于观察,能够从多角度、多思维全面细致地抓住重点,二要善于使用事物特征列举法。在操作时可以采用以下步骤:

(一) 确定创新对象加以分析

问题:汽车分为哪些部分?特性和功能如何?与整体的联系是什么?

(二) 特性列举

问题一:电脑具有哪些特性?(请从名词、形容词、动词方面思考)

问题二：根据电脑已有特性如何对电脑进行创新？

(三) 分析特性进行创造性思考

知识点三　希望点列举法

希望点列举法基本原理：

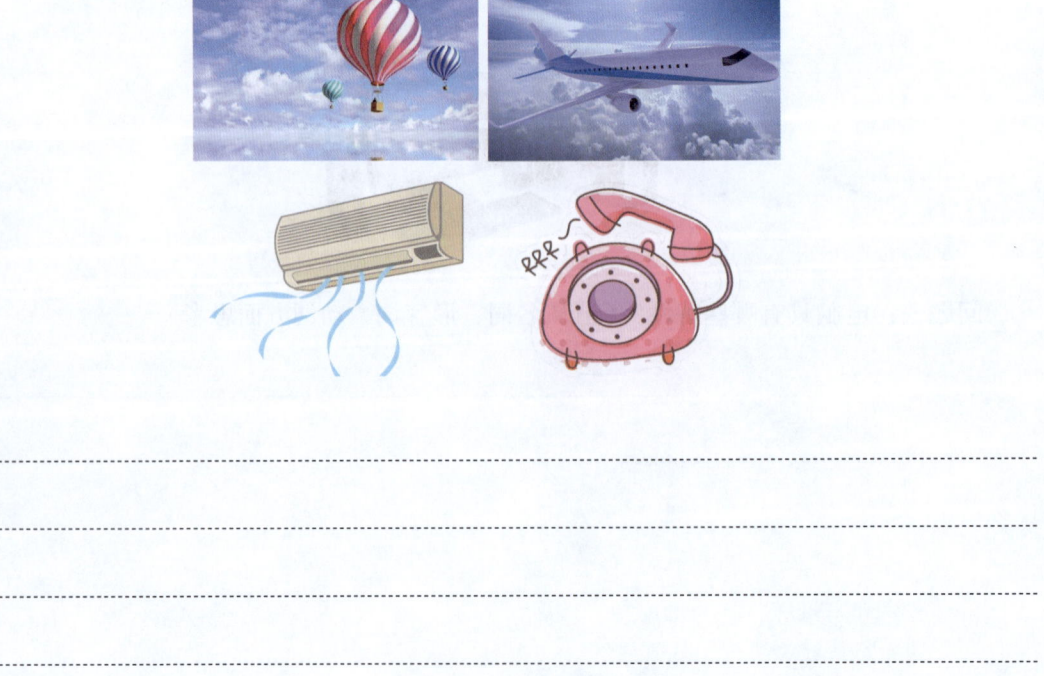

思考：希望点列举法与缺点列举法有什么差别呢？

二、希望点列举法运用要点

（一）希望点列举法类型

1. 创新对象固定型

2. 创新对象离散型

（二）注重人类需求的分析

问题：依托马斯洛对人类社会的需求的五个方面，我们还可以从哪些方面寻找人们新的需求呢？

....
....
....
....

（三）注意特殊群体和特殊需求

....
....
....
....

（四）善于发现潜在需求

（五）列举希望点的方法

1. 观察联想法

2. 会议列举法

3. 抽样调查法

....
....
....
....

对于所列出的希望点，真正有价值的只是极少数，必须进行分析与整理，为创造新的成果提供切实可行的条件和前提。

模块三 实战演练

一、观看视频

观看《两分钟，让你了解手机发展史》（http：//www.sohu.com/a/283632289_783397）

思考：（1）你认为手机对你来说有什么改变？

（2）手机对你产生了什么样的影响，将来又会对你产生什么样的影响？

（3）我们如何更好地使用手机来学习、生活与工作？

（4）手机还会带来什么样的商业机会？

相关阅读：《挖掘手机上的金矿》

二、试题训练

（1）试用缺点列举法改进现在的多媒体。

（2）试用特征点列举法改进黑板擦。

（3）试用希望列举法设计你的自行车。

三、情境训练

（一）团队合作

1. 教师课前准备项目：3张卡片，分别写上"缺点列举法""特性列举法""希望点列举法"；一张 A4 白纸，制作成表格样式。

2. 按照学生总数进行平均分组，每组 3 至 6 人，选出每个小组负责人，并上台抽取教师已经准备好的卡片，确定按何种方法进行创新尝试。

3. 每个小组自由选择教室内已有的物品（如黑板、黑板擦、灯、文具、多媒体等），采用负责人抽到的列举法类型（缺点列举法、特性列举法、希望点列举法），进行创新改进讨论。

4. 创新研讨过程按各类型列举法的运用要点进行，并将思路及各个列举的点记录在 A4 纸上。

5. 各小组研讨完毕后，上台向大家展示各小组的研讨情况以及思路、列举点。

6. 教师进行评价和点评。

（二）发散思维

张大妈去粮店买 10 斤大米，邻居李奶奶让代买 10 斤小麦。因为只拿了一条布袋，她便把小麦装在布袋下半截，中间扎一根绳子，在上半截装大米，准备回家先倒下大米，然后再把小麦给李奶奶送去。谁知回家的路上，碰见李奶奶拿了一条布袋来接她，可是，小麦装在下半截，不好倒。俩人正在发愁。来了一个学生，很快帮她们解决这一难题——把小麦和大米分别倒入了她俩各自的口袋里。

请问，他是用什么法子做到的呢？

（三）课后练习

1. 请列举出自己的缺点，加以分析，提出改进措施及方案并付诸实践。

2. 请列举出空调的各种特性（名词特性、形容词特性、动词特性）。

3. 请使用希望点列举法来列举三种家用电器的新设想，并为该电器取名，罗列功能和性能。

4. 结合现实情况，列举出你自己的愿望，这些愿望在何种情况下可以得以实现。

模块四　故事时间

"康师傅"的问世

据报道，生产"康师傅"方便面的是坐落在天津经济开发区内的一台资企业。投资者大多数是台湾彰化县人，在台生产经营工业用蓖麻油，并不熟悉食品业，是一批所谓"名不见经传"的小业主。

开始，这些台商并不清楚该搞什么行当最能走红。经过大陆之行的实地调查后，他们发现改革开放后的大陆，经济建设发展很快，"时间就是金钱"的口号遍地作响，人们的生活节奏日趋加快，对方便、快速的饮食希望开始产生。

于是，一个新创意涌上台商脑海：为了适应大陆新出现的快节奏生活，可以在快餐业上寻求发展机遇。

经过分析，他们列举了人们传统饮食方式的缺点和对新的饮食方式的希望，最后决定以开发新口味方便面来满足大陆消费者的需要。

开发什么品牌的方便面呢？他们列举了多个品名，淘汰了不少想法。后来，他们想到了"康师傅"的品牌，因为"师傅"是大陆人对专业人员的尊称，此外"康师傅"中有个"康"也容易满足人们对健康、安康的心理希望。

台商在调查了大陆人的饮食习惯和口味要求后，决定在"大陆风味"上下功夫。他们还采用了"最笨""最原始"的办法——"试吃"，来研究"康师傅"的配料和制作工艺。直到有1000人吃过，他们才将"康师傅"的"大陆风味"确定下来。

模块五　学习总结

学习体会

模块六　教学评价

评价内容	优秀	良好	中等	及格	不及格
1. 学前准备					
2. 课堂表现					
（1）讨论					
（2）合作					
（3）互评					
3. 作业					
综合					

任务十　掌握检核表法

【学习目标】

● 了解检核表法的含义

● 掌握奥斯本检核表法

模块一　自学空间

关键词： 奥斯本检核表法

自学笔记

模块二　共学天地

案例导入：如何成为一名优秀的员工

小王大学毕业后来到公司工作已经有一年了，为了将来更好地发展、成为一名大家公认的优秀员工，他最近对自己一年的工作做了个回顾，列出了一系列问题进行一一对照。

1. 在公司上班时，我是否尽了最大努力？
2. 上级交给我的工作，我是否都完成了？是否完成了公司给我的任务目标？
3. 我与公司上下级以及同事的关系如何？如何才能改善人际关系？
4. 我在工作中得到哪些经验和教训？哪些好习惯是要坚持的，而哪些坏习惯又是要改进的？
5. 如果我要晋升，我需要哪些能力和业绩？而我又该如何去取得这些？
6. 我如何将自己的目标与公司的目标统一起来？

……

面对这些问题，小王陷入了沉思，将这些问题与自己的实际表现一一加以检核，并慢慢理清自己的思路。

小王反省自己所运用的方法就是检核表法，其实质就是提出一系列需要考虑的问题。创新离不开提问题，对每一种事物提出问题，是许多新事物、新观念产生的开端，也是创新思维最基本的方法之一，爱因斯坦说过："提出一个问题，往往比解决一个问题更重要。因为解决问题也许仅是一个数学上或实验上的技能而已，而提出新的问题、新的可能性，从新的角度去看旧的问题，却需要有创造性的想象力。"可以说，能发现问题与提出问题就等于取得了成功的一半。

巧妙的设问可以启发想象、开阔思路、导引创新。检核提示法也称为设问探求法，它实际上就是提供了一张提问的单子，针对所需解决的问题逐项对照检查，以期从各个角度较为系统、周密地进行思考，探求较好的创新方案。自从检核提示法诞生以来，在实际应用中深受欢迎，并相继创造了不同的设问、检查创造方法，产生了大量的创造性设想。因此，检核提示法被誉为"创造方法之母"。

检核提示法有以下两大特点：

1. 以提问的方式寻找发明的途径。

2. 从不同的角度、多个方面来进行设问检查，思维变换灵活，利于突破条框。

问题一：这个案例对你有哪些启示？

知识点一 奥斯本检核表法

奥斯本检核表法是由美国的 A. F. 奥斯本提出，根据需要解决的问题或者需要创新的对象，以提问表格的形式，列出9个方面有关问题，然后逐一审核讨论，以促进创新活动深入进行的一种创新方法。其特点是用制式提问表对某一主题进行研究，以防止思考角度的疏漏，更利于突破旧框框的束缚，提出新方案。它要求人们的思维灵活多变，视野开阔，看问题的角度广、深。

一、基本原理

如果提问中带有"假如""如果""是否""还有"这样的一些词，就会启发思维、促使想象，使人们很快进入假想，通过各种假设式的变换探索寻找到解决问题的途径。提问能促使人们思考，提一系列问题更能激起人们在脑海中推敲。人们经过大量的思考和有序的检核，就有可能产生新的设想或创意，基于此，人们概括总结出了检核提示型创新方法，该方法是人们主动积极地通过多方面、多角度的提问，从中引发思路，形成创造性设想，并变为实际的创造发明或创新的一类创新方法。作为一种创新方法，如果善于对研究对象提出各式各样的问题，能够发现研究对象存在的问题，当然就有了改进研究对象的出发点。所以，疑与问是创造之母，人们提出的问题越多，那么创新的机会也就越多。

奥斯本的检核表法正是依照这样的思路而提出的创新方法。它强制人去思考，可以克服人们不愿提问或不善于提问的心理障碍，为进一步分析问题和解决问题奠定基础。

二、主要内容

奥斯本创造的检核表有9个维度、75个问题，如下表所示：

检核项目	含义	细分问题
1. 能否他用	现有事物除了我们大家公认的功能之外，是否还有其他的用途？	(1) _____ (2) _____ (3) _____

续 表

检核项目	含义	细分问题
2. 能否借用	能否引入其他的创造性设想；能否模仿别的东西；能否从其他领域、产品、方案中引入新的元素、材料、造型、原理、工艺、思路？	(4) _____ (5) _____ (6) _____ (7) _____ (8) _____
3. 能否扩大	现有事物能否扩大适用范围；能否增加使用功能，能否增加零部件；能否扩大延长它的使用寿命，增加长度、厚度、强度、频率、速度、数量、价值？	(9) _____ (10) _____ (11) _____ (12) _____ (13) _____ (14) _____ (15) _____ (16) _____ (17) _____ (18) _____ (19) _____ (20) _____
4. 能否减少	现有事物能否体积变小、长度变短、重量变轻、厚度变薄以及拆分或省略某些部分（简单化）？能否浓缩化、省力化、方便化、短路化？	(21) _____ (22) _____ (23) _____ (24) _____ (25) _____ (26) _____ (27) _____ (28) _____ (29) _____ (30) _____ (31) _____ (32) _____

续 表

检核项目	含义	细分问题
5. 能否改变	现有事物能否做些改变？如：颜色、声音、味道、式样、花色、音响、品种、意义、制造方法，改变后效果如何？	(33) _____ (34) _____ (35) _____ (36) _____ (37) _____ (38) _____ (39) _____ (40) _____
6. 能否代用	现有事物能否用其他材料、元件、结构、力、方法、声音、符号等替代？	(41) _____ (42) _____ (43) _____ (44) _____ (45) _____ (46) _____ (47) _____ (48) _____ (49) _____ (50) _____
7. 能否调整	现有事物能否变换排列顺序、位置、时间、速度、计划、型号，内部元件可否交换？	(51) _____ (52) _____ (53) _____ (54) _____ (55) _____ (56) _____ (57) _____ (58) _____

续 表

检核项目	含义	细分问题
8. 能否颠倒	现有的事物能否从里外、上下、左右、前后、横竖、主次、正负、因果等相反角度颠倒过来用？	(59) _____ (60) _____ (61) _____ (62) _____ (63) _____ (64) _____ (65) _____
9. 能否组合	现有的事物能否进行原理组合、材料组合、部件组合、形状组合、功能组合、目的组合。	(66) _____ (67) _____ (68) _____ (69) _____ (70) _____ (71) _____ (72) _____ (73) _____ (74) _____ (75) _____

问题二：检核的内容是否可做适当改变，为什么？

_____

_____

_____

_____

_____

_____

_____

三、检核表中 75 个问题，可归纳为以下 9 个维度提问

（一）能否他用

即现有的事物（包括材料、方法、原理等）还有没有其他的用途，或者稍加改造就可以扩大它的用途。

人们从事创新活动时，大体有两条途径：

具体创新时，可以从多个角度加以扩散思维，如：

1. 思路扩展

2. 原理扩展

3. 产品应用扩展

4. 技术扩展

5. 功能扩展

6. 材料扩展

（二）能否借用

现有的事物能否移植别的思路与技术，能否模仿别的事物；现有的发明创新能否引入其他方面的创新成果？

发明创新是新型未知的事物，仅凭自身苦思冥想总是有诸多局限与困难。那么，现实世界的许多事物就是最好的老师，通过类比、联想找到可供借鉴的思路与技术，移花接木，借月生辉，无师自能，难题也就迎刃而解了。

例如，在阿波罗登月计划中，巨大的宇宙飞船要灵活可靠地在月球上安全着陆，这在控制上要求很高，尽管技术上可以做到，但花费巨大，有位专家在海边散步时看到巨型海轮靠码头的困难是用驳船来过渡解决的，于是马上产生灵感——登月船的创意由此萌生。

（三）能否改变

现有的事物能否做适当的变化，如改变颜色、味道、声响、形状、型号等。

1. 形状变化

2. 结构变化

3. 气味变化

------

4. 颜色变化

------

5. 声音变化

(四) 能否扩大

现有的事物能否扩大,增加一些东西,如延长时间、长度,增加寿命、价值、强度、速度、数量,等等。

奥斯本指出，在自我发问的技巧中，研究"再多些"与"再少些"这类有关联的成分，能给想象提供大量的构思线索。巧妙地运用加法和乘法，便可大大拓宽探索的领域。

1. 附加功能

2. 强化技术

3. 放大增多

4. 感情投入

(五) 能否缩小

现有的事物能否缩小、取消某些东西？使之变小、变薄、减轻、压缩、分开、流线化等。这是与上一条相反的创造途径。

1. 简单化

2. 短路化

3. 微型化

4. 自动化

5. 省力化

（六）能否替代

考虑现有的事物有无代用品，以别的原理、别的能源、别的材料、别的元件、别的工艺、别的动力、别的方法、别的符号、别的声音等来代替。

1. 材料代用

2. 能源代用

3. 食品代用

4. 功能代替

（七）能否调整

考虑现有的事物能否做适当调整，如改变布局、改变型号、调整计划、调整规格等。

重新安排、更换位置看似简单，但只要运用得当，也会产生不同寻常的创新。例如，大家熟知的"田忌赛马"就是例证，虽然都是一样的马，但经过出场顺序的调整，取得的结果却截然不同。

在产品创新中，此举同样有创意。例如，在飞机诞生初期，螺旋桨装在飞机头部，后来装到了顶部则变成了直升机。原来的汽车喇叭按钮装在方向盘的轴心上，每次按喇叭得把手移到轴心处，既不方便又不安全。后来有人将喇叭按钮改装在方向盘的下半个圆周上，只要在该区域任意处轻按就行，深受司机欢迎。

（八）能否颠倒

现有的事物能否从相反的角度重新考虑，能否正反颠倒、上下颠倒、主次颠倒、位置颠倒、作用颠倒等。

事物总有相反相成的两个方面，从反面去考察研究是富有辩证思维的创新之路。以毒攻毒、欲擒故纵、吃小亏占大便宜、缺陷成才、危机管理、废物利用等均为反向创新的经验精华。

（九）能否组合

考虑现有的事物能否加以适当组合，或做原理组合、方案组合、材料组合、部件组合、形状组合、功能组合、目的组合等。

奥斯本检核表法的"魔力"之所以如此巨大，就在于它是一种多渠道的思考方法，它通过9个方面的设问，启发人们缜密地、多渠道地思考问题、解决问题。它的关键是一个"变"字，而不是仅把视线凝固于某一点或某一方向上。

问题三：针对"雨伞"使用奥斯本检核表法进行创新思考。

检核项目	引发的设想
1. 能否他用	
2. 能否借用	
3. 能否扩大	
4. 能否减少	
5. 能否改变	
6. 能否代用	
7. 能否调整	
8. 能否颠倒	
9. 能否组合	

四、奥斯本检核表法的优缺点

奥斯本检核表法从9个方向的不同角度，启发我们提出与思考问题，使思路向正向、侧向、逆向、合向发散开来。奥斯本检核表法主要有以下优点：

（一）

（二）

（三）

（四）

（五）_____

_____

但是奥斯本检核表法存在如下缺点：_____

_____

五、奥斯本检核表法使用时的注意事项

奥斯本检核表是一种非常实用的技法，但使用时有一些地方值得注意：

（一）_____

_____

（二）_____

_____

（三）_____

_____

由于检核法比较强调创造发明主体的心理素质的改变，借助克服心理障碍产生更多的思路，因而较为忽略对技术对象的客观规律性的认识。所以，在使用本技法解决较复杂的技术发明问题时，仅能提供一个大概的思路，还需进一步与技术方法结合。

模块三　实战演练

一、观看视频

观看视频"老友记2014"之《创新与颠覆》（周鸿祎，徐小平）https：//v.youku.com/v_show/id_XNzYyMzM1MDg0.html

思考以下问题：

1. 徐小平的投资标准采用了哪种检核提示法？

2. 颠覆、挑战与逆向思维的关系与区别？

3. 周鸿祎在视频里举的 Uber 和视频网络各用了哪种创新方法？

4. 请从周鸿祎和徐小平的对话中找出他们所举的事例实际上运用了本单元所讲述的哪些创新方法？

相关阅读：《我为什么要投资你》

二、课后训练

1. 填空练习：应用奥斯本检核表法对玻璃杯进行改进。

序号	检核项目	发现性设想	初选方案
（1）	能否他用	做灯罩，做量具，做装饰，做火罐，做乐器，做模具，当圆规（实例）	装饰品（实例）
（2）	能否借用		
（3）	能否变化		
（4）	能否扩大		
（5）	能否缩小		
（6）	能否代用		
（7）	能否调整		
（8）	能否颠倒		
（9）	能否组合		

2. 进入期末复习阶段,你想提高自己的学习效率,请制作一张个人学习检核表。

序号	对照提问	改进措施
1		
2		
3		
4		
5		
6		
7		
8		

模块四　故事时间

批判性思维工具

你的思维方式决定着你正在做的事情。思维决定行为,思维决定感受,思维决定需求。

大多数人的思维方式都是潜意识的。而在你没有意识到自身思维过程中的情况下,想要改变思维的质量是不可能的。

这就像大部分悲观的人都不会承认自己是悲观的一样,他们以消极、悲观的方式来思考自身和生命经验，总是千方百计地让自己不高兴。我们都是自己非理性思维方式的受害者，它影响我们对机会的察觉和把握，使我们不能专注于最有意义的事情，妨害我们的人际关系，使我们坠入痛苦的深渊。

如果思维方式是一个人幸福、成功与否的决定性因素，我们为何不去学习和发现那些幸福、成功人士的思维技巧呢？该书将会呈现那些成功思考者的思维方式，并提供学习和练习它的方法。

批判性思维不是远离生活的抽象名词。掌握它，你就可以控制自己的思维方式，成为一个更加出色、明智的思考者和解惑者，把握职业生涯和人生，乃至把握自己的各种情绪，逐渐不被他人所左右，从而最终提升自己的生活质量。

该书提供强大的理性思维工具，助你厘清自我，看透世界！

1. 大脑的 3 个基本功能。
2. 构成思维的 8 种元素。
3. 评估思维的 9 个标准。
4. 提问的 3 种问题类型。
5. 优化学习的 18 种策略。
6. 合理决策的 4 个关键点。
7. 2 种自我中心的思维。
8. 客观呈现的 3 种形式。
9. 3 种类型的思考者。
10. 44 种赢取辩论的诡计。
11. 策略性思维的 11 个核心理念。

本书作者理查德·保罗（Richard Paul）是国际公认的批判性思维权威，美国"批判性思维国家高层理事会"主席。他建立了批判性思维中心、国家批判性思维论坛以及国家批判性思维学会，曾组织、主持过 20 次国际批判性思维大会。

模块五　学习总结

学习体会

模块六　教学评价

评价内容	优秀	良好	中等	及格	不及格
1. 学前准备					
2. 课堂表现					
（1）讨论					
（2）合作					
（3）互评					
3. 作业					
综合					

任务十一　头脑风暴法

【学习目标】

● 了解头脑风暴法的概念、基本原则

● 掌握头脑风暴法的操作要求和实施步骤,并能在实践中应用

模块一　自学空间

关键词:头脑风暴法基本原理及基本原则

自学笔记

 模块二　共学天地

案例导入：

有一年，美国北方格外严寒，大雪纷飞，电线上积满冰雪，大跨度的电线常被积雪压断，严重影响通信。过去，许多人试图解决这一问题，但都未能如愿以偿。后来，电信公司经理应用奥斯本发明的头脑风暴法，尝试解决这一难题。他召开了一种能让头脑卷起风暴的座谈会，参加会议的是不同专业的技术人员，要求他们必须遵守以下原则：第一，自由思考；第二，延迟评判；第三，以量求质；第四，结合改善。按照这种会议规则，大家七嘴八舌地议论开来，有人提出设计一种专用的电线清雪机；有人想到用电热来化解冰雪；也有人建议用振荡技术来清除积雪；还有人提出能否带上几把大扫帚，乘直升机去扫电线上的积雪，对于这种"坐飞机扫雪"的想法，大家心里尽管觉得滑稽可笑，但在会上也无人提出批评。相反，有一位工程师在百思不得其解时，听到用飞机扫雪的想法后，大脑突然受到冲击，一种简单可行且高效率的清雪方法冒了出来。他想，每当大雪过后，出动直升机沿积雪严重的电线飞行，依靠调整旋转的螺旋桨即可将电线上的积雪迅速扇落。他马上提出"用干扰机扇雪"的新设想，顿时又引起其他与会者的联想，有关用飞机除雪的主意一下子又多了七八条，不到1小时，与会的10名技术人员共提出90多条新设想。会后，公司组织专家对设想进行分类论证。专家们认为设计专用清雪机，采用电热或电磁振荡等方法清除电线上的积雪，在技术上虽然可行，但研制费用大，周期长，一时难以见效；因"坐飞机扫雪"激发出来的几种设想，倒是一种大胆的新方案，如果可行，将是一种既简单又高效的好办法。经过现场试验，发现用直升机扇雪真能奏效，一个久悬未决的难题，终于在头脑风暴会中得到了巧妙的解决。

知识点一 头脑风暴法简述

知识点二 头脑风暴法的基本原则

一、自由畅想原则

二、延迟评判原则

三、以量求质原则

四、结合改善原则

知识点三　　头脑风暴法的基本步骤及操作要求

准备阶段

热身阶段

明确问题

自由畅谈

加工整理

（注：以上只是运用头脑风暴法的一般步骤，具体实施时可依不同的情况而有所变化）

模块三　实战演练

一、热身活动

1. 请想出至少5种早上将人唤醒的方法。

2. 一个猎人带着一只羊、一只狼和一棵白菜回家,路上遇到一条大河。河边只有一条船,但是船不够大,一次最多只能载猎人和另外一样东西过河。猎人不在的时候,狼要吃羊,羊要吃白菜。

请问:怎样才能把狼、羊、白菜都安全运过河?

二、情景模拟

进行头脑风暴法实训,目的是通过活动能进一步熟悉头脑风暴法的完整过程,亲身参与实施头脑风暴法,体会头脑风暴法的基本原则,为以后在实际生活中运用头脑风暴法打好坚实的基础。

(一)活动主题

组织一次"如何活跃创新开发课程课堂气氛"的活动

(二)活动时间

20 分钟

(三)活动步骤

1. 分组

2. 确定主持人、记录员、发言人各 1 名

3. 各小组主持人主持本组会议(宣布活动的主题及内容;宣布必须遵循的 4 项基本原则;组员使用头脑风暴法积极参加活动,提出各种设想;整个过程中,记录员如实记录

组员的设想，并最终统计设想的数量；根据记录，主持人组织小组讨论所有组员提出的设想，评选出 2 个最优秀的设想向全班进行汇报；发言人做好向全班大会汇报小组创新设想的准备）

4. 召开全班大会

各小组发言人向大会进行汇报

5. 全体同学进行评价，选出 3 个最佳方案，并对优秀的同学进行鼓励。

模块四　故事时间

用头脑风暴法为产品取名

盖莫里公司是法国一家拥有 300 人的中小型私人企业，这一企业生产的电器有许多厂家和它竞争市场。该企业的销售负责人参加了一个关于发挥员工创造力的会议后大有启发，开始在自己公司谋划成立了一个创造小组。在冲破了来自公司内部的层层阻挠后，他把整个小组（约 10 人）安排到了农村一家小旅馆里，在以后的 3 天中，每人都采取了一些措施，以避免外部的电话或其他干扰。第一天全部用来训练，通过各种训练，组内人员开始相互认识，他们相互之间的关系逐渐融洽。开始还有人感到惊讶，但很快他们都进入了角色。第二天，他们开始创造力训练技能，开始涉及智力激励法以及其他方法。他们要解决的问题有 2 个，在解决了第一个问题，发明一种拥有其他产品没有的新功能电器后，他们开始解决第二个问题，为此新产品命名。在第一、第二个问题的解决过程中，都用到了智力激励法。在为新产品命名这一问题的解决过程中，经过 2 个多小时的热烈讨论后，共为它取了 300 多个名字，主管则暂时将这些名字保存起来。第三天一开始，主管便让大家根据记忆，默写出昨天大家提出的名字。在 300 多个名字中，大家记住 20 多个。然后主管又在这 20 多个名字中筛选出了 3 个大家认为比较可行的名字，再将这些名字征求顾客意见，最终确定了 1 个。结果，新产品一上市，便因为其新颖的功能和朗朗上口、让人回味的名字，受到了顾客热烈的欢迎，迅速占领了大部分市场，在竞争中击败了对手。

故事带给我们的启示：

模块五　学习总结

学习体会

模块六　教学评价

评价内容	优秀	良好	中等	及格	不及格
1. 学前准备					
2. 课堂表现					
（1）讨论					
（2）合作					
（3）互评					
3. 作业					
综合					

任务十二　六顶思考帽

【学习目标】

● 了解六顶思考帽的概念

● 掌握六顶思考帽的使用方法

● 会使用六顶思考帽方法进行思考

模块一　自学空间

关键词：六顶思考帽　平行思考法

自学笔记

 **模块二　共学天地**

案例导入：

思考：

1. 他们究竟谁说的对呢？

---

2. 为什么盲人会争吵？

---

3. 你觉得他们怎样才能说服彼此，为什么？

知识点一　六项思考帽的内涵

六项思考帽是"创新思维学之父"爱德华·德·博诺博士开发的一种思维训练模式，六种不同颜色的帽子代表六种不同的思维模式。

思考最大的问题在于混乱。我们总是试图一次解决太多的问题。情感、信息、逻辑、希望和创意全都在头脑中挤作一团，就好像用球变戏法，结果却因为球太多而手忙脚乱，而六项思考帽则是每次参与的人都站在同一个方向进行思考，一个方向的思考结束后，再换一个方向思考，这样使得团队中思考的所有人都能在同一个方向上。

案例导入：

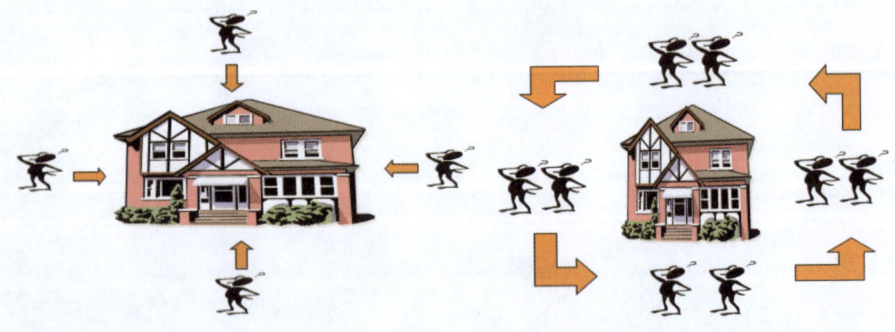

看一看：上面两幅图有什么不一样？

想一想：是什么导致了两幅图的差异？

知识点二　六项思考帽的特点

六项思考帽指示的是思考方向，而不是结果，通常用于团体讨论中，在使用六项思考帽的过程中，参与者在每一个相同的时间节点内，看问题的角度是一样的，每一个人的想法和观点都平行地罗列出来，无需对上一个人的观点和想法做出判断和回应，而只需要添加另一个与之平行的想法即可。在个人使用六点思考帽的过程中，其作用则是帮助思考者多方位、多角度地看待问题。

知识点三　六项思考帽的使用方法

1. 六项思考帽的使用方法有两种，一种是在需要某种类型的思考时单独使用这一指定类型的思考帽；另一种是在探索主题或解决问题时，在一个系列中相继使用不同类型的思考帽。

（1）单独使用。

（2）按序列使用。

在按序列使用的过程中，有两个需要注意的事项：

①纪律要求。

---

②思考帽使用时间设定。

知识点四　六顶思考帽的运用

1. 蓝色思考帽的运用。

(1) 明确问题。

_____

(2) 聚焦与专注。

_____

(3) 程序设定。

_____

(4) 归纳与总结。

_____

(5) 控制与监督。

_____

2. 白色思考帽的运用。

(1) 罗列事实和数据。

_____

(2) 判断这是什么样的事实。

_____

(3) 事实在多大程度上成立。

_____

3. 红色思考帽的运用。

(1) 情绪与情感。

_____

(2) 直觉和预感。

_____

（3）识别并用对情绪。

_____

4. 黄色思考帽的运用。

（1）积极的思考。

_____

（2）着眼未来。

_____

5. 黑色思考帽的运用。

（1）批判性思考。

_____

（2）风险评估。

_____

6. 绿色思考帽的运用。

（1）创造性思考。

_____

（2）备选方案。

_____

模块三　实战演练

一、练一练：判断以下陈述分别使用了哪种帽子

我对这个计划感到担忧。　　　　　　　　　　　　　　　　　　（　　）

小丽昨天告诉我她心情不好。　　　　　　　　　　　　　　　　（　　）

消极情绪会让人状态越来越差。　　　　　　　　　　　　　　　（　　）

我们是否达成了共识。　　　　　　　　　　　　　　　　　　　（　　）

我们可以尝试一下新方法。　　　　　　　　　　　　　　　　　（　　）

这次经历让我们的能力得到提升。　　　　　　　　　　　　　　（　　）

二、回顾与思考

想一想你平时最常使用的是六项思考帽之中的哪一顶？这一思考方式给你带来哪些思考优势？

想一想六项思考帽中你使用较少的一至两顶帽子是什么颜色？它是否影响了你的思考？

模块四　故事时间

下面是一个经典的六项思考帽讨论案例，读一读案例，想一想他们是如何使用六项思考帽的，每一顶帽子发挥了怎样的作用。

办公室个人电脑速度缓慢的解决方案讨论

蓝帽：目前办公用 PC 存在年限长、速度慢问题，本次会议讨论解决方案，先用白帽介绍情况。

白帽：1. 随着软件的增多，占用着的资源多，如 Mcafee 等，当前就要上的 AD 域，部分设备将不能满足（要求≥1G），2008 年至 2009 年都在 1G 以下。

2. 设备的更新要大于 3 年，且实际的情况只能更新 1/3。

蓝帽：大家出出主意，怎么办？

绿帽：1. 根据设备折旧，是否可以调整设备折旧的期限；

2. 是否可以采用笔记本代替 PC 机；

3. 采取策略，每半年重装软件；

4. 加装另一个硬盘，将 OS 装到这个新设备上；

5. 采用虚拟化；

6. 对人群进行分类、对发放策略进行调整；

7. 采用新软件节省内存。

黑帽：现在笔记本更换预算不能达到。

蓝帽：这是黑帽，请先用黄帽讨论这些方案的可行性。

黄帽：1. 已进入新时代，笔记本是应该普及的设备，且更换设备端的配置将很好地满足需求；

2. 配置升级、保护投资；

3. 软硬件方面的调整，改善是最常用的方法，已在其他单位应用，效果不错。

蓝帽：现在讨论以上方法的局限性。

黑帽：1. 更换设备资金不足、不能满足需求；财务制度变革时间长；

2. 目前使用的是统一采购的软件，不能满足所有人需求；

3. 软件重装耗费时间太长，人员达到数百。

蓝帽：那么从目前看，解决方案主要集中在配置升级和调整配置策略，大家举手表决一下优先顺序。

红帽：表决顺序如下：

1. 把少量更新换代机会给更需要计算速度的员工；

2. 大部分员工利用硬件升级（加内存、硬盘），延长使用寿命节约成本；

3. 定期重装 OS 和应用软件（如：一年左右）；

4. 梯次更新。

蓝帽：本次会议经充分讨论，答疑解难，找出了具有高可操作性的方法，顺利结束。

谢谢大家。

案例述评：这是成功利用六顶思考帽的方法进行工作问题探讨和改进的优秀经典案例。在这个案例讨论中主持人（蓝帽）发挥了积极的作用：首先在序列的选择上非常得当，使得会议简捷有效；其次，在会议中及时纠正不当的发言（如：打断黑帽思考），保证了思维的步伐；最后，结论很有使用价值。同时，参与讨论的人员在几个重点问题上讨论非常充分，体现了六帽思维法的优越性：白帽的数据很详细，绿帽的发散很丰富，黄帽和黑帽讨论充分，值得借鉴。

 **模块五　学习总结**

列出一个近期困扰你的情景或者需要你解决的问题，运用六项思考帽方法进行分析。

情景或问题：_____

蓝色思考帽：_____

白色思考帽：_____

红色思考帽：_____

黄色思考帽：_____

黑色思考帽：_____

绿色思考帽：_____

 模块六 教学评价

评价内容	优秀	良好	中等	及格	不及格
1. 学前准备					
2. 课堂表现					
（1）讨论					
（2）合作					
（3）互评					
3. 作业					
综合					

任务十三　TRIZ 法

【学习目标】

● 了解 TRIZ 含义，了解 TRIZ 核心思想

● 掌握 TRIZ 理论的 40 个发明原理

● 会使用 TRIZ 工具分析与解决问题

模块一　自学空间

关键词：TRIZ 理论　TRIZ 核心思想　TRIZ 的 40 个发明原理

 模块二　共学天地

案例导入：欧洲鞋业公司遇到的问题

某欧洲鞋业公司生产一种知名品牌运动鞋。为了节约生产成本，该公司把生产地点转移到了东南亚某个国家。刚开始时生产工艺和质量控制得非常严格，一切似乎都很顺利，但没过多久，问题出现了，管理者发现少数当地工人有偷鞋子的行为。管理者曾多次公开警告，包括使用降薪、开除等管理手段，但始终难以奏效。

现在问题出现了，企业需要在生产过程中降低成本，因此需要让东南亚国家的当地人生产鞋子，但又出现当地工人偷鞋子的问题，如何解决这一矛盾呢？请大家思考并帮助企业想出一个好办法来解决这一问题？

知识点一　认识 TRIZ

一、TRIZ 的内涵

二、TRIZ 理论价值

三、TRIZ 理论核心思想

知识点二　TRIZ 理论的体系结构

TRIZ 从最通俗的意义上讲就是创造性地发现问题和创造性地解决问题的过程，TRIZ 理论的强大作用在于，它为人们创造性地发现问题和解决问题，提供了系统的理论和方法工具，它的理论体系主要由以下几方面组成。

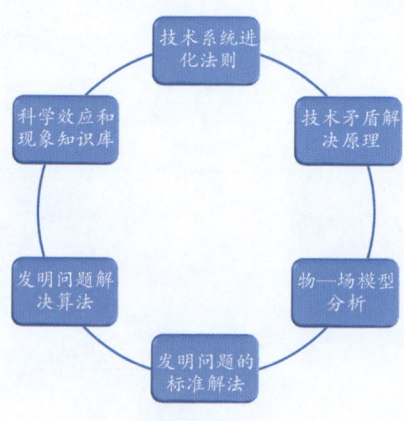

TRIZ 体系结构

一、技术系统进化法则

二、技术矛盾解决原理

三、物—场模型分析

四、发明问题的标准解法

五、发明问题解决算法

_____
_____
_____
_____
_____
_____
_____

六、科学效应和现象知识库

_____
_____
_____
_____
_____
_____
_____

知识点三　TRIZ 理论的 40 个发明创新原理

阿奇舒勒提出的 40 个发明创新原理囊括了发明创造和创造活动所遵循的共性原理，是 TRIZ 理论用以解决技术矛盾的基本方法，也是容易学习和行之有效的创新方法，直接用于解决发明问题。

40个发明创新原理

序号	原理名称	序号	原理名称	序号	原理名称	序号	原理名称
1	分割原理	11	事先防范原理	21	紧急行动原理	31	多孔材料原理
2	抽取原理	12	等势性原理	22	变害为利原理	32	改变颜色原理
3	局部质量原理	13	反向作用原理	23	反馈原理	33	同质性原理
4	非对称原理	14	曲面化原理	24	中介物原理	34	抛弃与修复原理
5	合并原理	15	动态特性原理	25	自服务原理	35	参数变化原理
6	多用性原理	16	不足或过度作用原理	26	复制原理	36	相变原理
7	嵌套原理	17	空间维数变化原理	27	廉价替代品原理	37	热膨胀原理
8	重量补偿原理	18	机械振动原理	28	机械系统的替代原理	38	加速强氧化原理
9	预先反作用原理	19	周期性动作原理	29	气动与液压结构原理	39	惰性环境原理
10	预操作原理	20	有效作用的连续性原理	30	柔性壳体或薄膜原理	40	复合材料原理

TRIZ 理论是思维的工具，原理的使用跟我们日常生活是密不可分的，请大家用 TRIZ 理论知识分析下图中的物品分别运用了 TRIZ 40 条创新原理中的什么原理？

①套娃　②不倒翁　③躺椅　④瑞士军刀　⑤铅笔

⑥直升机　⑦救生圈　⑧稻草人　⑨钱币　⑩遥控器

模块三　实战演练

1. 请大家根据所学知识思考并列举出你身边生活中运用 TRIZ 发明原理的事例。

---

2. 如何降低汽车有害气体的排放污染？

随着我国汽车保有量的不断增加，车辆排放尾气对大气造成的污染也开始逐步引起全社会的重视。需要在车辆上安装一种降低污染排放的装置，但安装这种装置又必然会增加汽车的生产成本。

请利用 TRIZ 理论，分小组讨论并分析：如何在降低汽车尾气排放的同时，保持汽车的生产成本不变？

---

3. TRIZ 理论解决的不仅是工程技术问题，还可以用于分析解决日常生活中的非技术问题。请大家用 TRIZ 理论知识讨论：如何让学生在课堂上能够认真学习不玩手机？（分小组讨论，至少提出三种以上的解决方案）

....
....
....
....

4. 农场主有一大片农场，放养大量的兔子，兔子需要吃到新鲜的青草，但农场主不想兔子走得太远而照看不到，也不愿意花费大量的资源割草运回来喂兔子，于是矛盾产生。请根据所学知识分析并提出解决方案。

（1）问题的最终目的是什么？

....
....

（2）达到理想目标的障碍是什么？

....
....

（3）如果不出现这种障碍，那么结果是什么？

....
....

（4）解决方案是什么？

....
....

模块四　故事时间

一、三个火枪手

大仲马在小说《三个火枪手》中，描述了普托斯是如何在裁缝店定制新装的。普托斯不允许裁缝接触他的身体，裁缝无法量体，僵持之中，剧作家莫里哀来到了裁缝店。莫里哀将普托斯带到镜子前，然后让裁缝对着镜子里的普托斯进行测量，一个两难的问题得到了解决。

从以上故事中大家得到了什么启示？莫里哀运用了 TRIZ 的什么原理？

二、通过查阅资料的方式认识根里奇·阿奇舒勒

三、巧克力的窍门

这一天是一个漂亮女孩的生日，有一个客人带来了一大盒巧克力糖，这是一种酒瓶形的巧克力糖，巧克力的中心是液态的果汁，大家都非常喜欢。一边吃着巧克力，有位客人好奇地问道："我很纳闷，这种果汁巧克力的果汁是怎么装进去的？"

"先做好巧克力，然后往里面灌上果汁，再封口。"另一位客人猜测道。

"果汁必须非常稠，要不然会影响巧克力成型，"第三位客人说，"但是果汁不容易灌进巧克力中。通过加热是可以让果汁稀些以便灌入，却会熔化巧克力。"

……

突然，TRIZ 先生出现了。

于是一个基于逆向思维的解决方案产生了。

TRIZ 先生的这个方案是什么呢？

模块五　学习总结

学习体会

模块六　教学评价

评价内容	优秀	良好	中等	及格	不及格
1. 学前准备					
2. 课堂表现					
（1）讨论					
（2）合作					
（3）互评					
3. 作业					
综合					

项目四 学会创新性解决问题

团队实践活动一：创意设计

一、活动名称

创意设计

二、团体活动时间、场地

活动时间：80 分钟

活动地点：安静的、有活动桌椅的宽敞教室

三、人员

活动以小组为单位进行，每组 6—8 人为宜，总人数不超过 50 人。

四、活动目的

1. 引导组员大胆创新，激发无穷的创意和灵感。创造会让我们的生活变得灵动而富有色彩，每一个富含个性与创新的意念都能勾画出一道别致的风景。

2. 激发组员将创意转化为创造。每一个好的创意和灵感都需要付诸实践与行动，才能成为真正的创造与奇迹。

3. 激发组员对日常生活进行留心观察和深刻反思，并从平淡中发现新奇与美好。

五、团体活动总体方案

活动内容	活动名称	时间	目标
热身活动	九点连线	10 分钟	活跃气氛，提高注意力
故事导入	"三个和尚没水吃"新篇	5 分钟	引出主体活动
主体活动	玩具创意设计	50 分钟	激发无穷的创意和灵感
活动分享与总结	活动分享与总结	15 分钟	回顾及分享在整个活动中的感受和收获

六、活动方案具体如下：

（一）热身活动：九点连线

活动道具：空白纸片每人 1 张；铅笔每人 1 支；粉笔若干。

规则与程序：

1. 将九个点的图形（下图所示）画在黑板上。请大家动脑筋，如何只用四条连续相接的直线（每条直线必须相连，而且不能相互重叠），将这九个点连接起来。

2. 请各小组独立思考 5 分钟，不要交流。

3. 请几位已经完成的小组上台进行演示，看是否真正符合题目要求。

4. 导师将正确答案展示给大家看。

（二）故事导入："三个和尚没水吃"新篇

话说，三个和尚没水吃，可把他们的师父老和尚急坏了，可光急也没用啊，得想个好办法，让他们不再为了挑水而你推我辞。于是，老和尚就坐在那想啊想，终于想到了一个好主意。他规定谁主动挑水就给谁加菜，建立了寺庙的奖励机制，结果调动了小和尚们的积极性。小和尚们为了改善一下清苦的伙食，个个都争着抢着要去挑水。可时间一久，天天挑水也累呀，有个小和尚看到寺庙后山有一眼泉水，就想了个主意，把后山竹子砍下来，打通竹子内部，把泉水直接引过来，这下寺庙不愁没水喝了。不仅不缺水，反而水多了，可是这么多水不也浪费了，能不能发挥出更高的效益呢？另一个小和尚又给老和尚出了个主意，把多的水用净瓶装上，插上杨柳枝，卖给烧香的善男信女，结果大受欢迎，还给寺庙增加了不少收入。这回老和尚不着急了，每天都乐呵呵的……

（三）主体活动：玩具创意设计

游戏道具：海报纸每组1张；水彩笔每组1盒

规则与程序：

1. 把全体组员分成若干小组，每组6—8人，每组选出1名组长。

2. 现在每个小组是一家玩具公司，任务就是设计出一种新玩具，可以是任何类型、针对任何年龄段，唯一的要求就是要有新意。

3. 分发给每个小组1张海报纸、1盒水彩笔。给他们30分钟时间，让他们设计玩具，并进行一个详尽的介绍，内容应该包括：玩具名称、玩具样式、针对人群、卖点、广告、预算等等。

4. 在每个组都做完自己的介绍之后，让大家评判出最好的组——即以最少的成本做出了最好的创意；另外也可以颁发一些单项奖，例如最炫的名字、最动人的广告创意、最省钱的玩具，等等。

解说要点：

有创意才有吸引力。创意是什么？

学会捕捉创意。如何捕捉创意？

团队协作使创意更加完美。什么是团队协作，如何加强团队协作？

(四)活动分享与总结

1. 请各小组派代表回顾及分享在整个活动中的感受和收获,什么样的创意让你眼前一亮?怎样才能想出这些好创意?时间的限制对你们想出好的创意是否有影响?一个好的提案是不是只要有好创意就行了?如果不是还需要什么条件?

------

2. 活动总结

团队实践活动二：营销策划案

一、活动名称

营销策划案

二、团体活动时间、场地

活动时间：80 分钟

活动地点：安静的、有活动桌椅的宽敞教室

三、人员

活动以小组为单位进行，每组 6—8 人为宜，总人数不超过 50 人。

四、活动目的

1. 充分激发组员打破常规，培养其逆向、发散性的思维。用一个不同寻常的眼界看待和思考问题，我们往往会有更多突破常规的发现。

2. 培养学生不断创新、勇于开拓的勇气。挑战看似"不可能"的问题，需要我们有开拓的智慧和挑战的勇气。

3. 培养和提高组员解决问题的能力和智慧以及乐观、豁达的精神，这是创新能力需要的基本品质。

五、团体活动总体方案

活动内容	活动名称	时间	目标
热身活动	背背佳	10 分钟	活跃气氛，提高注意力
故事导入	非洲卖鞋	5 分钟	引出主体活动
主体活动	如何卖木梳给和尚	50 分钟	激发无穷的创意和灵感
活动分享与总结	活动分享与总结	15 分钟	回顾及分享在整个活动中的感受和收获

六、活动方案具体如下：

（一）热身活动：背背佳

规则与程序：

1. 先请每组的两个人为一组进行。两个人先背靠背坐在地上，然后两个人的手臂扣住手臂。各组组员都准备好后，导师下达站起来的命令，各组组员依靠背对背的支撑一起站起来。

2. 组员在站起来的过程中，扣在一起的手臂不得松开，不得借助其他外力起立，只能依靠背部相互支撑的力量站起来。

3. 当两人站起来成功时，加入两个同组其他成员，以同样的方法站起来。这时要求四个人背对背围坐成一个圆圈，相邻两人的手臂相互扣在一起。然后，听到导师的命令后，依靠背部相互支撑的力量站起来。

4. 依次类推，增加到6人、8人直至全体组员共同站起来为止。

5. 记录各组最终完成的时间，评出时间最短的优秀小组。

（二）故事导入：非洲卖鞋

某企业意欲开拓非洲市场，委派甲、乙两位行销人员到非洲考察。

甲君在非洲待了几天，举目所见都是赤脚的非洲人。他颇为沮丧，原因是没有人穿鞋，意味着没有市场。于是他向总公司汇报有关情况，同时订购机票回国。而乙君到了非洲视察之后，发现大家都没有穿鞋子，市场潜能非常可观。他连夜致电总公司，催促加速生产，以应付未来的需求。

甲、乙两君同样考察非洲市场，却得到两种截然不同的信息。乙君以乐观的心境看到希望，在第一时间催促加速生产，以供应非洲市场。然而，业绩却一败涂地。原来，非洲人世代以来都是赤脚的，他们没有穿鞋的习惯；再加上长期赤脚的结果，脚趾左右张开，中国或亚洲设计的一般鞋子，都不符合他们的需求。乙君对市场知其一而不知其二，最终还是无功而返。

这时候，该企业的营销员丙自告奋勇去开拓这个市场。为了使鞋子能够在非洲畅销热卖，丙君进行深入的研发，掌握非洲人的脚型，量脚定制，让他们穿起鞋来感到舒适。同时，丙君重视营销策略，以一种信仰的力量来突破非洲人不穿鞋的习惯，在重要的节日让人们看到自己敬仰的名人、领袖穿着鞋子的姿态。很快，这个市场被丙君一举攻克，销售业绩蒸蒸日上。

从这个故事我们可以看到，很多时候，看似不可能完成的事情，只要我们换一个角度进行思考，有不怕困难和解决问题的勇气，再加之积极、乐观的态度和正确可行的解决办法，就能到达成功的彼岸。卖鞋给从不穿鞋的非洲人看似是一件困难的事情，但是聪明的丙君却依靠其勇气、智慧和创新能力做到了，而且做得很好。那今天我们也要给大家出一道难题了，相信在座的、聪慧的大家也会做得很好的，我们的题目就是"如何把木梳卖给和尚呢？"

（三）主体活动：如何卖木梳给和尚

游戏道具：A4 白纸；签字笔。

规则与程序：

1. 组员按每组人数 8 人左右分成若干个小组，每个小组自发选出 1 名小组长。

2. 每组派发 1 张 A4 白纸和签字笔 1 支。

3. 小组长带领大家讨论"如何把木梳卖给和尚"并制作策划书，策划书中包括：策划的目的、营销的环境分析、SWOT 分析、营销的目标、营销战略、营销预算等内容。

4. 大家踊跃发言，尽量想出可能的办法，并将其记录到 A4 纸上。

5. 讨论完成后，每组选出代表依次进行汇报，并阐述和说明各种方法的可行理由及原因。

6. 活动总结。

解说要点：

创新可以拓宽思维、改变生活。

创新需要智慧的光芒和勇气的力量。

创新也需要积极乐观的心态。

（四）活动分享与总结

1. 请各小组派代表回顾及分享在整个活动中的感受和收获。

---

2. 导师进行总结。

主要参考文献

[1] 吴晓义. 创新思维 [M]. 北京：清华大学出版社，2016.

[2] 王亚东，赵亮，于海勇. 创造性思维与创新方法 [M]. 北京：清华大学出版社，2018.

[3] 师建华，黄萧萧. 创新思维开发与训练 [M]. 北京：清华大学出版社，2019.

[4]〔美〕托马斯·沃格尔（Thomas Vogel）. 创新思维法：打破思维定式，生成有效创意 [M]. 陶尚芸译. 北京：电子工业出版社，2016.

[5] 孙伟，李长智. 创新创业教程 [M]. 北京：清华大学出版社，2017.

[6] 王竹立. 你没听过的创新思维课 [M]. 北京：电子工业出版社，2017.

[7] 张德琦. 创造性思维与创新方法 [M]. 北京：化学工业出版社，2018.

[8] 朱贤华. 发明方法与技巧 [M]. 成都：西南交通大学出版社，2014.

[9]〔美〕理查德·保罗，琳达·埃尔德. 批判性思维工具 [M]. 侯玉波译，北京：机械工业出版社，2013.

[10] 肖行. 创新思维培养与训练研究 [M]. 南昌：江西高校出版社，2008.

本书部分图片出自网络